联吡啶基钌光敏染料的结构与性能的理论研究

李明霞 著

黑龍江大學出版社
HEILONGJIANG UNIVERSITY PRESS
哈尔滨

图书在版编目（CIP）数据

联吡啶基钌光敏染料的结构与性能的理论研究 / 李明霞著. -- 哈尔滨 : 黑龙江大学出版社, 2018.6
ISBN 978-7-5686-0242-6

Ⅰ. ①联… Ⅱ. ①李… Ⅲ. ①联吡啶－光敏材料－理论研究 Ⅳ. ①O626.32 ②TB381

中国版本图书馆 CIP 数据核字 (2018) 第 125530 号

联吡啶基钌光敏染料的结构与性能的理论研究
LIANBIDINGJI LIAO GUANGMIN RANLIAO DE JIEGOU YU XINGNENG DE LILUN YANJIU
李明霞 著

责任编辑 李 卉 肖嘉慧 李 丽
出版发行 黑龙江大学出版社
地 址 哈尔滨市南岗区学府三道街 36 号
印 刷 哈尔滨市石桥印务有限公司
开 本 787 毫米 ×1092 毫米 1/16
印 张 13.25
字 数 210 千
版 次 2018 年 6 月第 1 版
印 次 2018 年 6 月第 1 次印刷
书 号 ISBN 978-7-5686-0242-6
定 价 38.00 元

前　言

太阳能作为一种的可再生、无污染的天然能源，是从根本上解决世界能源危机和环境污染问题的最有效途径之一。染料敏化太阳能电池(DSSC)是一种新型的光电化学太阳能电池，具有广阔的研究和应用前景。如何提高染料敏化太阳能电池的光电转换效率及稳定性是目前染料敏化太阳能电池研究的关键问题。在染料敏化太阳能电池中，光敏染料的作用是吸收太阳光并将激发态的电子注入半导体的导带中，同时产生的氧化态染料又能很快地从电解质中的氧化还原电子对得到电子而被还原再生。因此，光敏染料的性能直接影响染料敏化太阳能电池的光电转换效率，是染料敏化太阳能电池能够高效工作的重要因素之一。因此，设计稳定性好、成本低、效率高的染料敏化剂，达到真正的商业化应用已成为染料敏化太阳能电池发展的重要课题。

从材料设计的角度考虑，结构决定性能。在染料敏化太阳能电池中，染料分子的结构会影响到光的捕获效率及电子注入、染料再生和电子复合等电子转移过程，从而影响染料敏化太阳能电池的光电转换性能。理论计算辅助的性能分析和材料的设计已经成为实验科学家们必不可少的研究手段。因此，本书以提高染料敏化太阳能电池光电转换效率及稳定性为目标，设计系列新型钌配合物染料分子，利用量子化学计算方法对新型染料分子的电子结构性质、激发态性质和光谱性质进行系统的理论研究。

利用取代基修饰的 N－杂环卡宾－吡啶辅助配体替代 N3 染料分子中的一个二联吡啶配体，设计了系列新型 N－杂环卡宾－吡啶基二联吡啶钌染料分子,并利用 DFT 和 TDDFT 方法计算了该系列染料分子的几何结构、电子结构和光谱性质。计算结果表明,该系列染料分子的 HOMO 轨道都是由 Ru 原子的 d 轨道和 NCS 配体组成的,而 LUMO轨道则定域在带羧基的二联吡啶配体的 π^* 轨道上。染料分子的 HOMO 和 LUMO 轨道能级分别与 TiO_2 半导体的导带能级和电解质中的碘化物的氧化还原电位相匹配。染料分子电子结构性质有利于染料敏化太阳能电池的再生和电荷注入。在 CH_3CN 溶液中,染料分子在紫外 - 可见光谱区有良好的光谱响应,并且随着 N - 杂环卡宾 - 吡啶配体上引进的取代基的给电子能力逐渐增强,染料分子的最低能量吸收波长规律性红移,该吸收具有 MLCT/LLCT 混合跃迁性质。

以 N749 染料为母体,保留三联吡啶配体作为附着配体,利用两齿的 N - 杂环卡宾 - 吡啶配体替代两个硫氰酸盐配体设计一系列同时含有三齿配体和两齿配体的去硫氰酸盐配体环金属联吡啶钌染料分子。利用 DFT 和 TDDFT 方法对该系列染料分子及母体分子 N749 的几何结构、电子结构、激发态性质和光谱性质进行了系统的理论研究。研究结果表明,与母体分子 N749 相比,采用 N - 杂环卡宾 - 吡啶配体替代两个 NCS 配体导致该系列染料分子的 HOMO 和 LUMO 轨道能量均降低,染料分子的 HOMO - LUMO 轨道能隙变大,染料分子的 HOMO 轨道能量与电解质中的碘化物的氧化还原电位更加匹配。因此,染料分子的前线分子轨道结构及轨道的能量均满足作为染料敏化太阳能电池光敏剂的前提条件。该系列分子具有良好的光吸收性能,最低能吸收波长接近 800 nm,吸收跃迁性质被指认为 MLCT/LLCT 混合跃迁。染料分子有足够的电子注入驱动力和再生驱动力完成有效的电子注入和染料再生。因此,本书设计的去硫氰酸基团的环境友好的环金属光敏染料有作为高效染料潜在的应用价值。

为了研究质子化效应对去硫氰酸盐配体环金属联吡啶钌光敏染料的结构和光谱行为的影响,利用理论方法,系统地讨论了不同质子化程度的染料分子$[Ru(H_x tcterpy)(CF_3-NHC-py)(NCS)]^y$ ($x=0, 1, 2, 3$; $y=-2, -1, 0, 1$)的几何结构、电子结构和光谱性质。研究结果表明，质子化效应对电子结构有一定的影响。在 CH_3CN 溶液的吸收光谱中，染料分子的 HOMO 和 LUMO 轨道能量随着质子化程度的增加而降低，每一步质子化导致的 LUMO 轨道能量降低的幅度都比 HOMO 轨道大。因此，随着质子化程度的增加，染料分子的 HOMO－LUMO 轨道能隙逐渐减小，染料分子的吸收光谱在低能区域的吸收波长规律性红移，染料分子的电子注入驱动力规律性下降，而染料分子的再生驱动力规律性上升。因此，协同比较染料分子的电子注入驱动力和染料再生驱动力，认为双质子化的染料分子在该类去硫氰酸盐配体环金属联吡啶钌光敏染料中具有最优异的敏化性能。

目　录

第1章　概　　述

1.1　太阳能电池

人类的生存和发展,离不开能源的支持。目前世界上80%的能源是来自于地下的化石能源,化石能源是地球数亿年来积累的能源,属于不可再生能源,正面临着日益枯竭的危险。以目前日消耗量计算,现有的石油、天然气和煤炭储量分别还能使用40年、60年和230年。同时,煤炭、石油、天然气等化石能源的燃烧会产生粉尘和温室气体等,已经导致了全球范围的环境污染及温室效应。人类正面临着前所未有的世界性危机:能源危机和环境危机。因此,寻求新型无污染、高效可再生能源来代替化石能源已经迫在眉睫。新型可再生能源包括太阳能、风能、核能、生物质能、地热能和潮汐能等。但是,核反应原料具有强烈的放射性,它对人类的潜在危害弊端已经逐步显现;风能、地热能和潮汐能具有明显的地域限制,制约了它们的应用。太阳能作为一种清洁无污染、不受地理环境制约的可再生能源,是从根本上解决能源危机和环境危机的最有效途径之一。因此,如何实现对太阳能低成本、高效率的利用,来满足人类社会在发展中的能源需求,已经成为目前研究领域的重要课题之一。太阳能电池是目前有效利用太阳能的途径之一。

1954年,美国的贝尔实验室在用半导体做实验时,发现在硅中掺入一定量的杂质后对光更加敏感,第一个单晶硅太阳能电池在贝尔实验室诞生,此举标志着人类将太阳能转换成电能变为现实,具有划时代的意义。按太阳能电池的发展时间而言,第一代太阳能电池是硅基太阳能电池。硅基太阳能电池具有光电转换效率高、稳定性好等优点。硅基太阳能电池可分为单晶硅太阳能电池和多晶硅太阳能电池,单晶硅太阳能电池的最高效率已达到25%。但是,单晶硅太阳能电池对硅的纯度要求很高,因此成本大幅度增加,所以大规模应用受到了限制。相比于单晶硅电池,多晶硅电池的效率虽然只有20%,但是其加工简单,成本较低,市场占有率较高。第二代太阳能电池是薄膜非晶硅太阳能电池和多元化合物太阳能电池。多元化合物太阳能电池主要有铜铟镓硒化物(CIGS)、铜铟硒化物(CIS)、碲化镉(CdTe)和砷化镓(GaAs)等。薄膜非晶硅电池制作成本低,原料易得,但是它的稳定性较差,且效率较低。硫化镉和碲化镉等多元化合物太阳能电池效率比薄膜非晶硅太阳能电池效率高,并且易于大规模生产,但是镉有剧毒,会对环境造成严重污染。第三代太阳能电池引入有机物和纳米技术,种类有染料敏化太阳能电池、高分子太阳能电池和纳米晶太阳能电池。其中,染料敏化太阳能电池是一种新型的太阳能电池,该电池是以光敏染料敏化多孔半导体薄膜作为光阳极的一类光电化学太阳能电池,是 Grätzel 课题组在1991年发明的。当时染料敏化太阳能电池的光电转换效率在 AM 1.5 模拟太阳光照射下,可达7.1%~7.9%,为光电化学太阳能电池的发展带来了创新。1993年,Grätzel 课题组进一步对 TiO_2 纳米多孔膜太阳能电池进行改进,使其光电转换效率提高到10%。2011年,Grätzel 课题组研制并报道了最新的基于钌染料的染料敏化太阳能电池,效率已达到12%。不久,Grätzel 课题组又报道了利用卟啉配体的染料敏化剂——钴配合物作为电解质的新体系,其光电转换效率在共敏化后达到12.3%。与传统的太阳能电池相比,染料敏化太阳能电池的制备工艺简单,不需要昂贵又耗能的高温处理和高真空加工,因此成本低廉,仅为单晶硅太阳能电池的1/5~1/3。因此,染料敏化太阳能电池将成为单晶硅太阳能电池的最有力的竞争者,成为太阳能电池研究领域的主要发展方向,它的研制、开发和应用对解决能源短缺与环境污染这两大世界性难题具有重要意义。

1.2 染料敏化太阳能电池

1.2.1 染料敏化太阳能电池的结构

染料敏化太阳能电池主要由纳米多孔半导体薄膜、染料敏化剂、电解质、对电极和导电玻璃基板等组成,其结构示意图如图1-1所示。光阳极是这个体系的核心部分,主要由透明的导电玻璃、烧结在导电玻璃上的宽带隙纳米多孔半导体薄膜和吸附在多孔薄膜表面的光敏染料组成。由于TiO_2半导体薄膜具有材料价格低廉、环保且极其稳定等优点,因此成为染料敏化太阳能电池中利用频度最高的半导体。对电极由负载催化剂的导电玻璃组成,催化剂可以是铂、碳或有机高分子等,铂等催化剂不但能将透过电极的光反射回纳米多孔半导体薄膜层增加光程,而且能催化发生在电解质中的氧化还原反应。填充于两个电极之间的为电解质,电解质可以是液态、准固态或固态,电解质在染料敏化太阳能电池中十分重要,肩负着使染料还原再生的重要作用,都含有氧化还原电对,如I^-/I_3^-等。在染料敏化太阳能电池中,透明的导电玻璃基板是纳米多孔TiO_2半导体薄膜的载体,同时导电玻璃基板也起到光阳极上传输电子和对电极上收集电子的作用。染料敏化剂是染料敏化太阳能电池非常重要的组成部分,它制约着染料敏化太阳能电池的成本和光电转换效率。

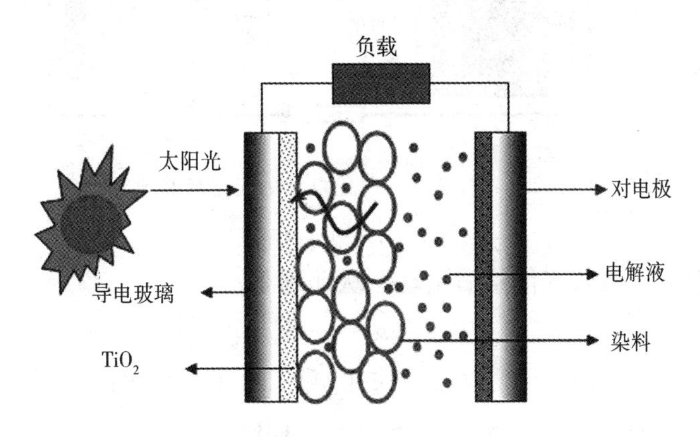

图1-1 染料敏化太阳能电池的结构示意图

1.2.2 染料敏化太阳能电池的工作原理

在染料敏化太阳能电池中,光的捕获和光生电子的传递是分开进行的。一束太阳光($h\nu$)照射到染料敏化太阳能电池的光阳极上,被吸附在光阳极上的染料分子吸收,染料分子被激发,由基态跃迁至激发态;随后激发态的电子从染料分子迅速注入TiO_2半导体光阳极的导带,染料分子被氧化,同时电子在导电玻璃基体上聚集,电子再经过外电路传输到电池的对电极形成电流;被氧化的染料分子接受氧化还原电解液中电子给体(I^-)给予的电子被还原;电解质溶液中的电子给体在给氧化态的染料分子传输电子后扩散至电池的对电极,在电池的对电极接受光阳极传来的电子,从而被还原成原始态。至此完成一个循环。染料敏化太阳能电池的光电转换机理如图1-2所示。

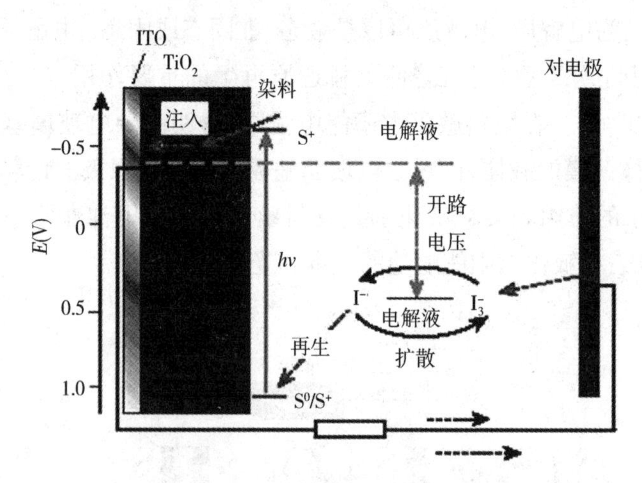

图1-2 染料敏化太阳能电池的光电转换机理

(1)染料分子吸收光能量后由基态跃迁到激发态:

$$S^0 + h\nu \longrightarrow S^*;$$

(2)激发态电子注入半导体的导带中,染料分子被氧化:

$$S^* \longrightarrow S^+ + e^-(CB);$$

(3)半导体导带中的电子传输到后接触面(BC)流到外电路中:

$$e^-(CB) \longrightarrow e^-(BC);$$

(4)电解质中的电子供体I^-还原氧化态的染料分子,使染料分子再生:

$$3I^- + 2S^+ \longrightarrow I_3^- + 2S;$$

(5) I_3^-扩散到对电极(CE)上得到电子再生:

$$I_3^- + 2e^-(CE) \longrightarrow 3I^-;$$

(6)TiO_2半导体导带中的电子与氧化态的染料分子复合:

$$S^+ + e^-(CB) \longrightarrow S;$$

(7)纳米晶薄膜中传输的电子与进入 TiO_2 薄膜孔中的 I_3^- 复合：

$$I_3^- + 2e^- \longrightarrow 3I^-。$$

1.3 钌配合物染料

光敏染料是染料敏化太阳能电池的光捕获天线，起着收集太阳光能量的作用。光敏染料吸收太阳光后被激发，并将激发态的电子注入 TiO_2 半导体的导带中，同时产生的氧化态染料分子又能迅速从电解质的氧化还原电对中得到电子而被还原至基态。因此，染料分子的性能直接影响染料敏化太阳能电池的光电转换效率，是染料敏化太阳能电池能否高效工作的重要因素之一。理想的染料分子需要满足以下几个要求：

(1)染料分子中应含有羧基、磷酸基等极性官能团，利用这些官能团，染料分子能够牢固地连接到氧化物半导体的表面。

(2)在整个太阳光光谱范围内都应有较强的光谱响应，尤其需要对可见光的吸收利用性能好。

(3)染料分子应该具有比电解质中的氧化还原电对更正的氧化还原电势，以保证氧化态染料分子的再生。

(4)染料分子激发态的能量应该高于半导体导带边缘的能量，且需有良好的轨道重叠以利于电子的注入(与半导体导带的电位差在0.3 eV 左右)。

(5)染料分子的氧化态和激发态都要有较高的稳定性和活性。

(6)在长期光照下具有良好的化学稳定性，能够完成 10^8 次氧化还原循环反应。

为了获得理想的染料分子，研究人员已经开展了大量的研究工作，近20年来设计并已合成了大量的染料分子。这些染料主要分为两大部分：金属配合物光敏染料和有机光敏染料。其中金属配合物光敏染料使用最多的是钌(Ru)配合物，此外铜、铁、铂、锇和铼等配合物也被应用到染料敏化太阳能电池中，它们的配体通常为利用各种取代基团修饰的联吡啶或多联吡啶。此外卟啉类配合物染料、酞菁类配合物染料和一些非金属有机染料也应用于染料敏化太阳能电池。在已合成的数以千计的染料分子中，联吡啶钌基配合物染料最早被应用到染料敏化太阳能电池领域，并且迄今为止，是效率最高、性能最好的一类光敏染料。

1991 年 Grätzel 课题组最先报道了一种多核联吡啶钌配合物光敏染料。随后陆续报道的高效的 N3 染料、N719 染料和 N749 染料及其衍生物都属于这一类染料，其中最高的转换效率接近 12%。

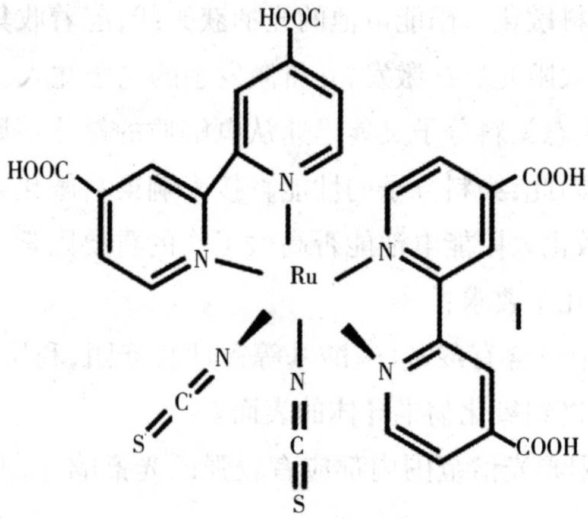

HOOC
HOOC
COOH
N
N
N
Ru
N
N
N
C
C
S
S
COOH

图 1-3 N3 染料的结构

图 1-3 为 N3 染料的结构。N3 染料是首个人们公认的高效光敏染料，由其敏化的太阳能电池在可见光谱范围内具有较宽的光谱响应，并且在其光谱响应范围内能达到 80% 以上的 IPCE 值。在 AM 1.5 模拟太阳光照射下能够获得 10% 的光电转换效率。

N719 染料分子是利用四丁基铵离子替代 N3 染料分子中的两个氢离子而获得的。N719 染料分子的光电流密度比 N3 染料分子高，并且四丁基的存在有效地抑制了电池的暗电流，提高了开路电压。因此 N719 染料分子总的光电转换效率优于 N3 染料。在 AM 1.5 模拟太阳光照射条件下获得了 11.2% 的光电转换效率。

N749 染料分子的吸收光谱较 N719 染料分子进一步红移，所以光电流密度进一步增加。但是由于 N749 的 HOMO 能级不如 N719 染料高，减小了染料向半导体导带注入电子的推动力，所以光电压有所降低，由其敏化的太阳能电池光电转换效率达到11.1%。图1-4为N719染料和N749染料的结构。

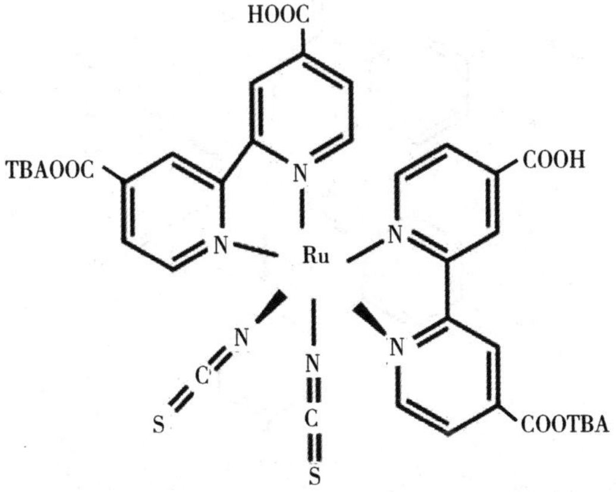

N719

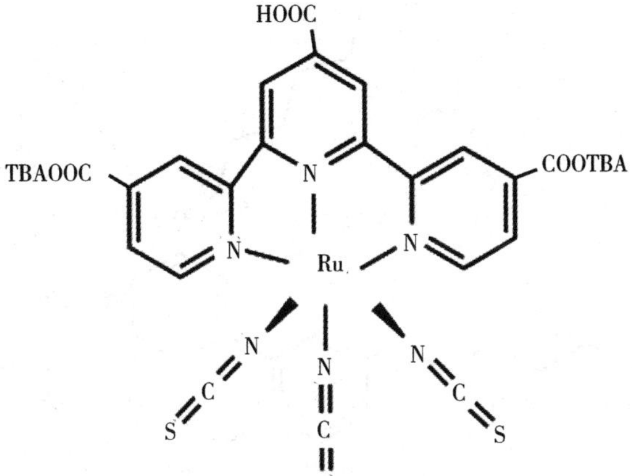

N749

图1-4 N719染料和N749染料的结构

Grätzel课题组在N3染料的基础上合成了Z907染料(图1-5),在联吡啶配体上引入了疏水基团,有效地抑制了染料的吸附,提高了染料敏化太阳能电池的稳定性。Wang等人利用长碳链的单氧醚键替代侧链烷基疏水基团,合成出与Z907染料结构相似的另一种染料K19,其稳定性比N719染料高(图1-5)。

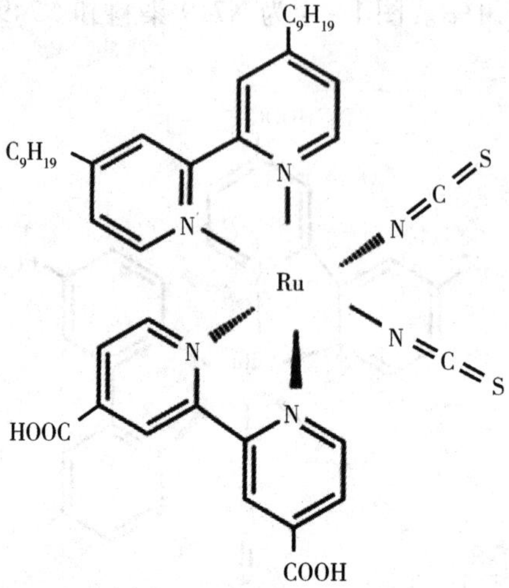

Z907

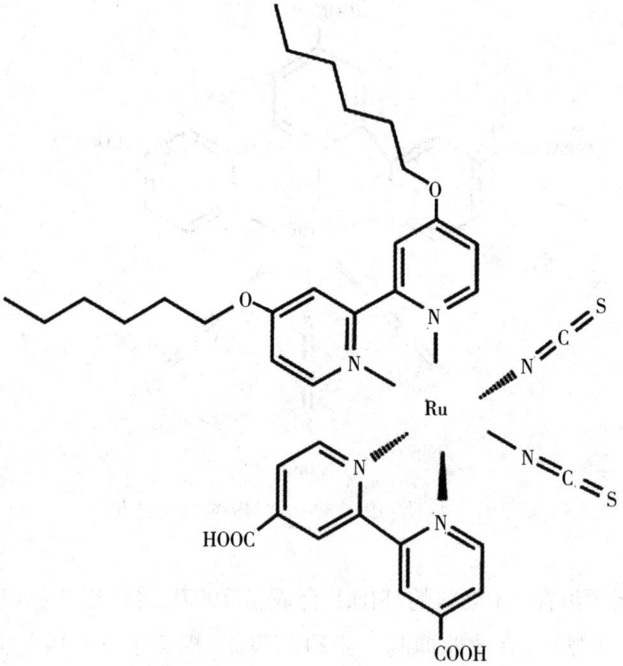

K19

图 1－5　Z907 染料和 K19 染料的结构

Chen 等人通过在联吡啶配体上引入烷硫基修饰的联噻吩取代基团,设计并合成了 CYC - B11 染料分子。CYC - B11 染料的吸收光谱的响应范围较 N719 染料更宽,其在 AM 1.5 模拟太阳光下,光电转换效率达到 11.5%。CYC - B11 染料结构如图 1 - 6 所示。

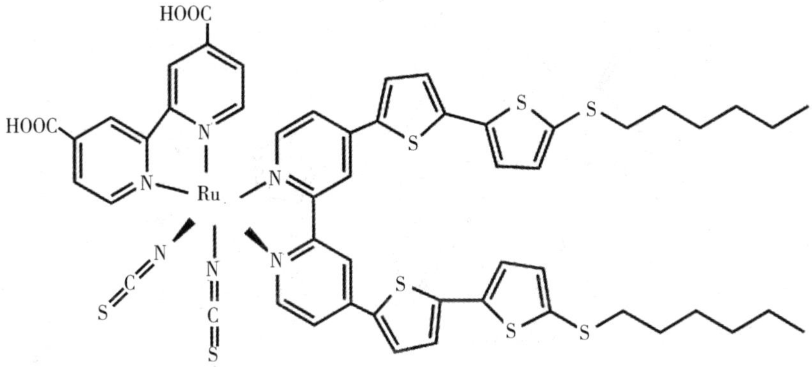

图 1 - 6　CYC - B11 染料的结构

2008 年,Gao 等人合成并报道了两种新型染料——C101 和 C102,它们是两亲类联吡啶钌配合物染料。C101 的光电转换效率为 11.0% ~ 11.3%,是在目前联吡啶钌基配合物染料中,总体性能优异的染料敏化剂之一。

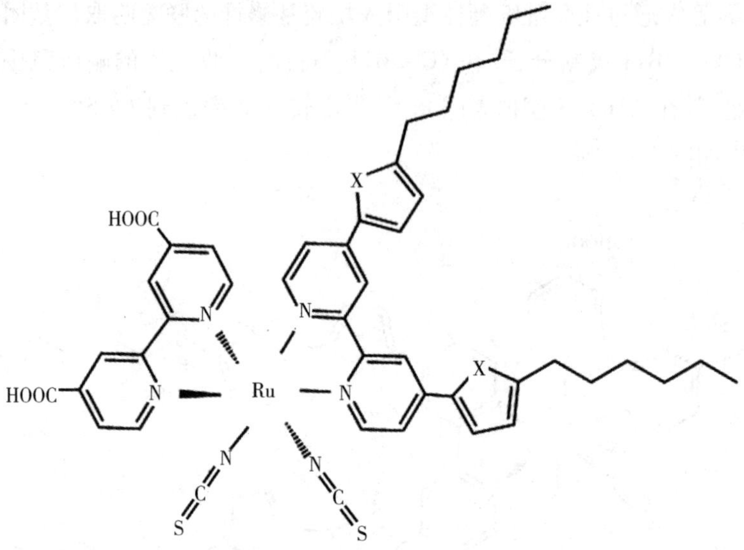

C101 X=S
C102 X=O

图 1-7 C101 染料和 C102 染料的结构

分析这些联吡啶钌配合物的结构，发现它们都有一个共同的特点：均有硫氰酸盐配体。硫氰酸盐配体具有强给电子能力，会使光敏染料的 HOMO 轨道能量升高，从而提高光敏染料对可见光的吸收捕获能力。同时，硫氰酸盐配体对较高能量的占据分子轨道的贡献，对光敏染料的再生过程起着重要的作用。但是，硫氰酸盐配体的存在会给染料敏化太阳能电池带来很大的缺点。一方面，硫氰酸盐配体会影响染料分子的稳定性，因为硫氰酸盐配体和金属钌之间形成的配位键是很弱的。另一方面，含硫氰酸盐配体的光敏染料分解后的含氮产物会造成环境污染。因此，寻求新型的、高效且稳定的无硫氰酸盐配体的染料分子是具有重要意义的。

国内外的研究人员利用多齿配体代替硫氰酸盐配体，合成了环金属联吡啶钌配合物。Koten 课题组于 2007 年首先报道了关于无硫氰酸盐配体环金属联吡啶钌的合成工作，之后 Berlinguette 课题组合成了一系列无硫氰酸盐配体环金属联吡啶钌配合物，但这些配合物及其衍生物的敏化性能并不显著，利用这类染料敏化剂的 DSSC 的光电转换效率最高只能达到 8%。2009 年，这项工作有了重大进展，Grätzel 课题组合成了无硫氰酸盐配体环金属联吡啶钌配合物 YE05，并将其作为光敏剂，使 DSSC 的光电转换效率达到 10.1%。YE05 染料的结构如图 1-8 所示。这个结果预示着无硫氰酸盐配体环金属联吡啶钌配合物是光敏染料发展中的新的里程碑。

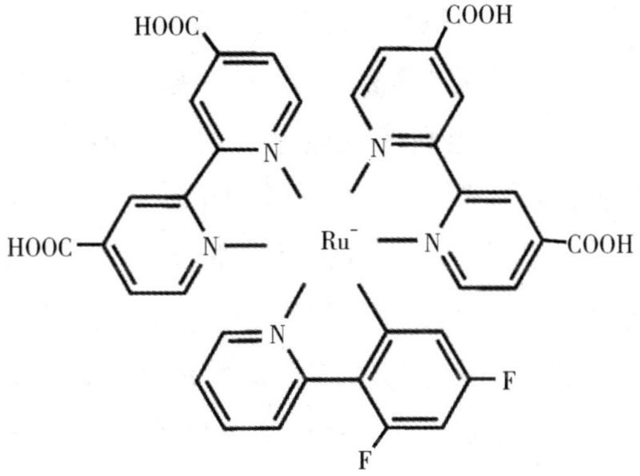

图 1-8 YE05 染料的结构

2011 年，周必泰等人设计并合成了一系列不含硫氰酸盐配体的钌染料分子，染料分子以咪唑三齿化合物为配体，显示了优越的光电性能，总的光电转换效率达到 10.7%。

1.4 研究的意义和内容

染料敏化太阳能电池自 1991 年被发明以来，成为太阳能电池领域的主要发展方向，它的研制和开发对解决能源短缺和环境污染这两大世界性难题具有重要意义，但要实现商业化还需要突破很多技术问题。光敏染料是染料敏化太阳能电池的光捕获“天线”，起着收集太阳光能量的作用。光敏染料吸收太阳光后被激发，并将激发态的电子注入 TiO_2 半导体的导带中，同时产生的氧化态染料分子又能迅速从电解质的氧化还原电对中得到电子而被还原至基态。因此，光敏染料的性能直接影响染料敏化太阳能电池的光电转换效率，是染料敏化太阳能电池能否高效工作的重要因素之一。在已合成的数以千计的染料分子中，联吡啶钌基配合物是最早被应用到染料敏化太阳能电池领域，并且迄今为止效率最高、性能最好的一类光敏染料，但是联吡啶钌配合物染料的制备和提纯比较复杂，并且联吡啶钌配合物的摩尔消光系数低，稳定性有待提高，光电转换效率也需要通过分子的进一步设计来得到提高。因此，设计稳定性好、成本低、效率高的染料敏化剂，以达到真正的商业化应用已成为染料敏化太阳能电池发展的重要课题。

从材料设计的角度考虑，结构决定性能。在染料敏化太阳能电池中，染料分子的结构会影响到光的捕获效率及电子注入、染料再生和电子复合等电子转移过程，从而影响 DSSC 的光电转换性能。理论计算辅助的性能分析和材料的设计已经成为实验科学家们必不可少的研究手段。

基于以上分析，本书以提高染料敏化太阳能电池光电转换效率及稳定性为目标，对黑染料分子进行了系统的理论研究，并且从理论设计的角度筛选具有良好性能的配体来替代联吡啶配体或硫氰酸盐配体，设计得到系列新型、高效的钌配合物染料分子。在此基础上，我们利用量子化学计算方法，对这类新型染料分子的电子结构性质和光谱性质进行系统的理论研究。通过理论计算和实验数据的对比分析，发展和完善钌配合物染料的电子结构模型理论与计算模型，并揭示染料分子结构同性能的内在关系。综上所述，本书的研究，能够为开发和研制新型、高效的染料敏化剂，提高染料敏化太阳能电池光电转换效率和稳定性提供可靠的理论依据与新的线索。本书所研究的主要内容如下：

在研究了黑染料分子的基态和激发态的几何结构、电子结构、吸收光谱和发射光谱性质，以及溶剂化显色性质的同时，我们还详尽地研究了质子化效应对黑染料分子的几何结构、电子结构和光学性质的影响，研究结果将会揭示此类配合物电荷转移跃迁的本质特征。

利用取代基修饰的 N－杂环卡宾－吡啶辅助配体取代 N3 染料分子中的一个二联吡啶配体，设计系列新型 N－杂环卡宾－吡啶基二联吡啶钌染料分子，计算该系列染料分子的几何结构、电子结构、光谱性质，并讨论溶剂化效应对结构和光谱性质的影响，阐明此类染料分子结构与性能的内在关系，以期为今后设计合成新型高效光敏染料提供一定的理论指导。

以 N749 染料为母体，保留三联吡啶配体作为附着配体，利用两齿的 N－杂环卡宾－吡啶配体替代两个 NCS 配体，设计一系列同时含有三齿配体和两齿配体的去硫氰酸盐环金属钌光敏染料分子。利用 DFT 和 TDDFT 理论计算该系列染料分子及母体分子 N749 的几何结构、电子结构和光谱性质,并讨论染料分子的电子注入驱动力和染料再生驱动力等参数,揭示此类染料分子结构与性能的内在关系,以期为实验合成环金属光敏染料提供一定的理论依据。

此外,还研究了质子化效应对染料分子 [Ru($H_x$tcterpy)(CF_3 - NHC - py)(NCS)]^y(x = 0, 1, 2, 3; y = −2, −1, 0, 1) 的几何结构、电子结构和光学性质的影响。

第2章　理论基础与计算方法

2.1　引言

第一性原理包括两类,以 Hartree - Fork 自洽场计算作为基础的从头算(ab initio)和密度泛函理论(Density Functional Theory,DFT)。从头算是指不使用经验参数,只利用电子质量、光速、质子质量、中子质量等少数实验数据进行的量子计算。

利用数学手段来求解 Schrödinger 方程对较小的体系来说也是不现实的,因此引进了两个物理近似:其一是利用密度泛函理论,把多电子问题转换为一个同样意义的电子密度问题。其二是利用势函数理论,保留价电子,将内核电子以一个有效势函数来代替。

2.2　从头算理论

量子化学对相关系统的研究是通过求解 Schrödinger 方程来实现的。采用非相对论近似条件,研究体系的定态 Schrödinger 方程可表示为:

$$\hat{H}\Psi = E\Psi \tag{2.1}$$

式(2.1)中 $\hat{H}$ 为体系的哈密顿算符,Ψ 是描述系统微观状态的波函数,E 是 $\hat{H}$ 算符的能量本征值。在不考虑电磁效应及旋轨耦合作用的情况下,式(2.1)可写成:

$$\left\{-\frac{1}{2}\sum_{p}\frac{1}{M_p}\nabla_p^2-\frac{1}{2}\sum_{i}\nabla_i^2+\sum_{p<q}\frac{Z_pZ_q}{R_{pq}}-\sum_{p,i}\frac{Z_p}{r_{pi}}+\sum_{i<j}\frac{1}{r_{ij}}\right\}\Psi = E\Psi \tag{2.2}$$

式(2.2)中下标 p、q 用来标记原子核，Z_p、Z_q 为第 p、q 个原子的核电荷数，i、j 用来标记电子，R_{pq} 为第 p、q 个原子核间的距离，r_{ij} 表示任意两个电子(i 和 j)之间的距离。

从头算理论是从量子力学第一定律出发，在采取非相对论近似、Born - Oppenheimer 近似及单电子近似的基础上，不利用任何经验参数，来求解多原子分子系统 Schrödinger 方程的一种理论方法。

非相对论近似：忽略高速运动的电子的质量与静止的电子的质量的差别，认为它们二者相等。但是原子序数较大的元素的核电荷数很大，在原子核附近运动的电子有很高的速度，所以事实上其质量与静止电子的质量有比较大的差别，对于原子序数较大的元素，采取非相对论近似会引入较大的误差。Born - Oppenheimer 近似是考虑系统中原子核的质量比电子质量大得多，这样的话，在同样的相互作用下，原子核的运动速度就会比电子的运动速度慢得多。原子核间发生微小的变化，高速运动的电子能马上进行调整，建立起与变化后的原子核力场相适应的运动速度。这表明在任何确定的原子核排布下，电子都有与之相适应的运动状态，因此就可以把原子核的运动和电子的运动分离。

在 Born - Oppenheimer 近似下，将式(2.1)中的波函数 Ψ 定义为核运动的波函数 $\Psi^{(r)}$ 与电子运动的波函数 $\Psi^{(e)}$ 的乘积：

$$\Psi = \Psi^{(r)}\Psi^{(e)} \tag{2.3}$$

将式(2.1)的变量分离，得到如下两个方程：

$$\left\{-\frac{1}{2}\sum_{i}\nabla_i^2-\sum_{p,i}\frac{Z_p}{r_{pi}}+\sum_{p<q}\frac{Z_pZ_q}{R_{pq}}+\sum_{i<j}\frac{1}{r_{ij}}\right\}\Psi^{(e)} = E^{(e)}\Psi^{(e)} \tag{2.4}$$

$$\left\{-\sum_{p}\frac{1}{2m_p}\nabla_p^2+E^{(e)}\right\}\Psi^{(r)} = E\Psi^{(r)} \tag{2.5}$$

式(2.4)描述的是原子核的某一固定排布相对应的电子运动，式(2.5)描述的是核运动，$E^{(e)}$ 是核坐标固定时的电子能量，在核运动方程中是势能项。因此，在 Born - Oppenheimer 近似下求解分子系统的定态 Schrödinger 方程的问题就变为求解电子体系的 Schrödinger 方程的问题。但是，式(2.4)中的 $\frac{1}{r_{ij}}$ 项仍难求解。引入单电子近似，忽略电子的相关作用，把单个电子运动看成是在其他电子与核的平均势场下的运动。对于含有 n 个电子的闭壳层系统，系统的波函数可以写成满足反对称性要求的 Slater 行列式：

$$\Psi = N|\Phi_1\alpha_{(1)}\Phi_1\beta_{(2)}\cdots\Phi_{n/2}\alpha_{(n-1)}\Phi_{n/2}\beta_{(n)}| \tag{2.6}$$

式中，$N = 1/\sqrt{n!}$ 为归一化系数，Φ_i 为单电子波函数的空间部分，$\alpha_{(i)}$ 和 $\beta_{(j)}$ 是自旋函数，是 Hartree - Fock 近似。

在采取上述近似的条件下，求解 Schrödinger 方程等于求解单电子波函数 $\Phi(r)$，因此，运用变分原理得到 Hartree - Fock(H - F)方程：

$$\hat{F}\Phi_i(\vec{r}_i) = \varepsilon_i\Phi_i(\vec{r}), i = 1,2,\cdots,n \tag{2.7}$$

式中，$\hat{F}$ 为 Hartree - Fock 算符，表示为：

$$\hat{F} = \hat{h} + \sum_j (2\hat{J}_j - \hat{K}_j) \tag{2.8}$$

其中，$\hat{h}$ 是平均势场下的单电子哈密顿算符，$\hat{J}_j$ 和 $\hat{K}_j$ 分别为库伦算符和交换算符，采用自洽场（Self - Consistent - Field，SCF）方法求解，这是一个复杂的求解微分和积分的过程。

在处理多电子系统时，单电子波函数（Φ_i）可以通过原子轨道的线性组合得到，即：

$$\Phi_i = \sum_{\mu=1}^{N} C_{\mu i}\chi_\mu, i = 1,2,\cdots,n, \text{其中 } n \leqslant N \tag{2.9}$$

式中，$C_{\mu i}$是分子轨道对基函数的展开系数，这是闭壳层的 Hartree - Fock - Roothann(H - F - R)方程。

$$\sum_{\nu=1} (F_{\mu\nu} - \varepsilon_i S_{\mu\nu})C_{\mu i} = 0, \mu = 1,2,\cdots,n \tag{2.10}$$

式中，ε_i 为相应的轨道能量，$S_{\mu\nu}$ 为原子轨道的重叠积分。

$$S_{\mu\nu} = \int\chi_\mu^*\chi_\nu \mathrm{d}\tau \tag{2.11}$$

$F_{\mu\nu}$ 为 Fock 算符，可表示为：

$$F_{\mu\nu} = H_{\mu\nu} + \sum_{\lambda\sigma} P_{\lambda\sigma}[\langle\mu\nu|\lambda\sigma\rangle - \frac{1}{2}\langle\mu\lambda|\nu\sigma\rangle] \tag{2.12}$$

式中，第一项为单电子能量，$H_{\mu\nu} = \int\varphi_\mu(1)H^{core}\varphi_\nu(1)\mathrm{d}\tau_1$，$P_{\lambda\sigma}$ 为密度矩阵，$P_{\lambda\sigma} = 2\sum_{i=1}^{N} C_{\lambda i}^* C_{\sigma i}$，式(2.12)中 $\langle\mu\nu|\lambda\sigma\rangle$ 为双电子库伦积分，$\langle\mu\lambda|\nu\sigma\rangle$ 为双电子交换积分。

对于开壳层系统，自旋为 α 和 β 的电子数目不相等，用限制性开壳层

(ROHF)方法和非限制性(UHF)方法。

ROHF 方法让 α 自旋和 β 自旋电子的波函数空间设定为一致,并同样利用变分原理获得限制性开壳层 HFR 方程。对于由 n 个电子组成的开壳层系统,有 $2p$ 个电子填充在闭壳层轨道$\{\Phi_i, i=1,2,3,\cdots,p\}$,另外有$(n-2p)$个电子填充在开壳层轨道$\{\Phi_j, j=p+1,p+2,\cdots,p+q\}$中,其 HFR 方程为:

$$F^c C_k = \sum_j SC_j \varepsilon_{jk} \tag{2.13}$$

$$\gamma F^0 C_m = \sum_j SC_j \varepsilon_{jm} \tag{2.14}$$

其中,

$$F^c = h + \sum_k (2J_k - K_k) + \gamma \sum_m (2J_m - K_m) \tag{2.15}$$

$$F^0 = h + \sum_k (2J_k - K_k) + 2a\gamma \sum_m J_m - b\nu \sum_m K_m \tag{2.16}$$

C_k和 C_m 分别是闭壳层分子轨道和开壳层分子轨道的系数矩阵,$\gamma = (N-2p)/2q$ 是开壳层的占据分数,h 是 Hamilton 矩阵,J_k和 K_k分别是 Coulomb 算符和交换算符矩阵,它们的矩阵元为:

$$(J_k)_{\mu\nu} = \sum_{\lambda,\sigma} c^*_{\lambda k} c_{\sigma k} (\mu\nu \mid \lambda\sigma) \tag{2.17}$$

$$(K_k)_{\mu\nu} = \sum_{\lambda,\sigma} c^*_{\lambda k} c_{\sigma k} (\mu\sigma \mid \lambda\nu) \tag{2.18}$$

非限制性方法不限制 α 自旋电子波函数和 β 自旋电子波函数的空间轨道部分,而是把 α 电子和 β 电子的轨道分别处理,从而得到两套本征函数,再利用同样的方法将两组分子轨道分别利用两套展开系数展开:

$$\Phi_i^\alpha = \sum C_{\mu i}^\alpha \varphi_\mu \tag{2.19}$$

$$\Phi_i^\beta = \sum C_{\mu i}^\beta \varphi_\mu \tag{2.20}$$

得到两组 H－F－R 方程:

$$\sum_\nu (F_{\mu\nu}^\alpha - \varepsilon_i^\alpha S_{\mu\nu}) C_{\nu i}^\alpha = 0 \tag{2.21}$$

$$\sum_\nu (F_{\mu\nu}^\alpha - \varepsilon_i^\beta S_{\mu\nu}) C_{\nu i}^\beta = 0 \tag{2.22}$$

此时,Fock 矩阵元为:

$$F_{\mu\nu}^\alpha = H_{\mu\nu}^{core} + \sum_\lambda \sum_\sigma P_{\mu\nu} [(P_{\lambda\sigma}^\alpha + P_{\lambda\sigma}^\beta)(\mu\nu \mid \lambda\sigma) - P_{\lambda\sigma}^\alpha (\mu\sigma \mid \lambda\nu)] \tag{2.23}$$

$$F_{\mu\nu}^{\beta} = H_{\mu\nu}^{core} + \sum_{\lambda}\sum_{\sigma} P_{\mu\nu}[(P_{\lambda\sigma}^{\alpha} + P_{\lambda\sigma}^{\beta})(\mu\nu \mid \lambda\sigma) - P_{\lambda\sigma}^{\beta}(\mu\sigma \mid \lambda\nu)] \tag{2.24}$$

密度矩阵元为：

$$P_{\mu\nu}^{\alpha} = \sum_{i=1}^{Occ} C_{\mu i}^{\alpha *} C_{\nu i}^{\alpha} \tag{2.25}$$

$$P_{\mu\nu}^{\beta} = \sum_{i=1}^{Occ} C_{\mu i}^{\beta *} C_{\nu i}^{\beta} \tag{2.26}$$

无论是闭壳层系统还是开壳层系统，它们的 HFR 方程都是通过自洽场迭代的方法进行求解的。自洽场迭代方法收敛判据有两种，分别是本征值判据和本征向量判据。

从头算理论在求解 Schrödinger 方程的过程中没有引入任何经验参数，是一种比较好的近似方法。但是 H－F 方程引进了单电子近似，只考虑电子间的平均作用，忽略了电子间的瞬时相关作用。为了获得更为精确的结果，需要考虑电子相关能，进行后自洽场(POST－SCF)处理。目前常用的求解电子相关能的方法包括：微扰理论（PT）、组态相互作用方法（CI）、多组态自洽场方法（MCSCF）、耦合簇方法（CC）和密度泛函理论（DFT）等。

微扰理论是一种计算电子相关能的方法，可以利用多体微扰（MP）理论计算电子相关能。在微扰理论近似中把系统能量分成两部分：其中一部分是零级近似 $\hat{H}_0$，另一部分是一种微扰 $\hat{V}$。系统精确能量包含了 $\hat{H}_0$ 的本征值和 $\hat{V}$ 在 $\hat{H}_0$ 本征函数下的一些矩阵元。n 个矩阵元乘积组成的项分成一组，它构成 n 级微扰能。当 $\hat{H}_0$ 选择得恰当时，同时 $\hat{V}$ 又很小，则微扰展开式会很快收敛。

因此，将哈密顿算符表示为：

$$\hat{H} = \hat{H}_0 + \hat{V} \tag{2.27}$$

式(2.27)中，$\hat{H}_0$ 为无微扰的哈密顿算符，$\hat{V}$ 为微扰量，薛定谔方程 $\hat{H}\Psi = E\Psi$ 可表示为：

$$(E - \hat{H}_0) \mid \Psi\rangle = \hat{V} \mid \Psi\rangle \tag{2.28}$$

将 Ψ 按 $\hat{H}_0$ 的本征函数 Φ_i 展开

$$\hat{H}_0\Phi_i = E_i\Phi_i, i = 0, 1, \cdots, \infty \tag{2.29}$$

$$\Psi = \sum_{i=0}^{\infty} a_i \Phi_i \ , a_0 = 1 \tag{2.30}$$

一般 $E \neq E_i$,正交归一化条件为 $\langle \Phi_i | \Phi_j \rangle = \delta_{ij}$, $\langle \Phi_0 | \Psi \rangle = a_0$,由式(2.28)可得:

$$(E - E_i) a_i = \langle \Phi_i | \hat{V} | \Psi \rangle \tag{2.31}$$

用投影算符 $\hat{P}_0 = | \Phi_0 \rangle \langle \Phi_0 |$ 把波函数 Ψ 投影到 Φ_0 子空间内:

$$\hat{P}_0 | \Psi \rangle = | \Phi_0 \rangle \langle \Phi_0 | \Psi \rangle = a_0 | \Phi_0 \rangle \tag{2.32}$$

则:

$$\Psi = \sum_i a_i \Phi_i = \Phi_0 + \sum_{i=1}^{\infty} a_i \Phi_i = \Phi_0 + \frac{1 - \hat{P}_0}{E - \hat{H}_0} \hat{V} | \Psi \rangle = \Phi_0 + \hat{G}\hat{V} | \Psi \rangle \tag{2.33}$$

用迭代法求解,得:

$$\Psi = \sum_{n=0}^{\infty} (\hat{G}\hat{V})^n | \Phi_0 \rangle \tag{2.34}$$

$$E = E_0 + \langle \Phi_0 | \hat{V} | \Psi \rangle = E_0 + \langle \Phi_0 | \hat{V} \sum_{n=0}^{\infty} (\hat{G}\hat{V})^n | \Phi_0 \rangle \tag{2.35}$$

其中,

$$\Psi^{(1)} = \hat{G}\hat{V} | \Phi_0 \rangle \ , \ \Psi^{(2)} = \hat{G}\hat{V}\hat{G}\hat{V} | \Phi_0 \rangle \ , \cdots$$

$$\varepsilon^{(1)} = \langle \Phi_0 | \hat{V} | \Phi_0 \rangle , \varepsilon^{(2)} = \langle \Phi_0 | \hat{V}\hat{G}\hat{V} | \Phi_0 \rangle , \varepsilon^{(3)} = \langle \Phi_0 | \hat{V}\hat{G}\hat{V}\hat{G}\hat{V} | \Phi_0 \rangle \tag{2.36}$$

进一步将 E 按微扰参数 λ 的级数展开,并将式(2.27)改写为 $\hat{H} = \hat{H}_0 + \lambda \hat{V}$,代入式(2.31),式(2.35)整理得:

$$(E_0 - E_i) a_i = \langle \Phi_i | \lambda \hat{V} + E_0 - E | \Psi \rangle \tag{2.37}$$

$$\Psi = \sum_{n=0}^{\infty} (\hat{G}_0 \lambda \hat{V}')^n | \Phi_0 \rangle \tag{2.38}$$

$$E = E_0 + \langle \Phi_0 | \lambda \hat{V} \sum_{n=0}^{\infty} (\hat{G}_0 \lambda V')^n | \Phi_0 \rangle \tag{2.39}$$

其中, $\lambda \hat{V} = \lambda \hat{V} - (E - E_0)$, $G_0 = \dfrac{1 - P_0}{E_0 - \hat{H}_0}$ 。

求无微扰算符 $\hat{H}_0$ 的最简便的方法是取 Fock 算符之和。因为 $\hat{H} = \sum_i \hat{h}_i +$

$\sum\limits_{i>j}\dfrac{1}{r_{ij}}$,因此,取

$$\hat{H}_0=\sum_i\hat{F}_i=\sum_i[\hat{h}_i+\hat{V}(i)]=\sum_i\{\hat{h}(i)+[\hat{V}_{HF}(i)-\hat{h}'(i)]\}\tag{2.40}$$

$$\hat{V}=\hat{H}-\hat{H}_0=\sum_{i<j}\hat{g}_{ij}-\sum_i[\hat{V}_{\mathrm{HF}}(i)-\hat{h}'(i)]\tag{2.41}$$

其中,$\hat{V}_{\mathrm{HF}}(i)=\sum\limits_j(\hat{J}_j-\hat{K}_j)$是HF平均势场,$\hat{J}_j$和$\hat{K}_j$分别是Coulomb算符和交换算符,$\hat{g}_{ij}=\dfrac{1}{r_{ij}}$,$\hat{h}(i)=-\dfrac{1}{2}\nabla_i^2-\sum\limits_a\dfrac{Z_a}{r_{ia}}$,$\hat{h}'(i)=\sum\limits_{a\neq r}|a\rangle\langle r|\varepsilon_{ar}+\sum\limits_{k\neq r}|k\rangle\langle r|\varepsilon_{kr}$,$\varepsilon_{ar}=\langle a|-\dfrac{1}{2}\nabla_i^2-\sum\limits_a\dfrac{Z_a}{r_{ia}}+\hat{V}_{\mathrm{HF}}(i)|r\rangle$,引入$\hat{h}'(i)$是为了不限于使用Hartree - Fock轨道。

这种选取$\hat{H}_0$的方法,零级能量E_0不是系统能量的Hartyee - Fook期望值,而是H - F轨道能量之和,因此微扰能不等于电子相关能。为了纠正这个缺点,取

$$\hat{H}'=\hat{H}_0-\langle\Phi_0|\sum_{i<j}\hat{g}_{ij}|\Phi_0\rangle\tag{2.42}$$

$$\hat{V}'=\hat{V}+\langle\Phi_0|\sum_{i<j}\hat{g}_{ij}|\Phi_0\rangle\tag{2.43}$$

定义$\hat{H}^c=\hat{H}-\langle\Phi_0|\hat{H}|\Phi_0\rangle$,则$\hat{H}^c|\Psi\rangle=E_c|\Psi\rangle$,$E_c=E-\langle\Phi_0|\hat{H}|\Phi_0\rangle$,$E_c$即系统电子相关能。

2.3 密度泛函理论

Thomas - Fermi - Dirac模型的建立,在Hohenberg - Kohn理论的基础上形成了密度泛函理论。密度泛函理论考虑到电子密度仅是三个变量的函数,因此n电子波函数是$3n$个变量的函数。由此可见,密度泛函理论可以很大程度简化电子结构计算。

2.3.1 Thomas - Fermi模型

1927年,Thomas和Fermi提出原子的电子气模型。该电子气模型把空间

分成足够小的立方体，并在这些小立方体中求解无限势阱中的粒子的 Schrödinger 方程，得到动能 T 与电子密度 ρ 的关系式：

$$T_{TF}[\rho] = C_F\int\rho^{5/3}(\vec{r})\mathrm{d}''\vec{r}\ ,\ C_F = \frac{3}{10}(3\pi^2)^{2/3} = 2.871 \qquad (2.44)$$

考虑核吸引势和电子间库伦势的作用，从而得到原子总能量与电子密度 ρ 的关系式：

$$E_{TF} = C_F\int\rho^{5/3}(\vec{r})\mathrm{d}\vec{r} - Z\int\frac{\rho(\vec{r})}{} + \frac{1}{2}\iint\frac{\rho(\vec{r}_1)\rho(\vec{r}_2)}{|\vec{r}_1 - \vec{r}_2|}\mathrm{d}\vec{r}_1\vec{r}_2 \qquad (2.45)$$

在 T - F 电子气模型下，系统的总能量是体系电子密度的泛函。T - F 电子气模型物理图像清晰，表达式简单，但是它的计算结果精度较低，因此，实际应用并不理想。1930 年，Dirac 在 T - F 电子气模型基础上，通过在势能项中引入交换能，提出了改进的 T - F - D 电子气模型，但在提高精度方面的效果不明显。

2.3.2　Hohenberg - Kohn 定理

直到 1964 年，Hohenberg 和 Kohn 提出了两个定理，从而奠定了现代密度泛函理论的理论基础。H - K 第一定理：系统的外部势场 $V_{ext}(\vec{r})$ 由电子密度分布 $\rho(\vec{r})$ 唯一确定，最多相差一个常数。H - K 第二定理：对于给定的电子密度 $\rho(\vec{r}) \geqslant 0$，且 $\int\rho(\vec{r})\mathrm{d}\vec{r} = N$（$N$ 是系统总电子数），则系统基态的总能量为 $E_0 \leqslant E[\rho(\vec{r})]$，$E[\rho(\vec{r})]$ 是总能量对密度 $\rho(\vec{r})$ 的泛函表达式。

根据 H - K 第一定理，系统的总能量可以表示为：

$$E_v[\rho] = T[\rho] + V_{ne}[\rho] + V_{ee}[\rho] \qquad (2.46)$$

其中，$T[\rho]$是系统的动能项，$V_{ne}[\rho]$是核与电子间的吸引势能项，$V_{ee}[\rho]$是电子间的相互作用能项，它们都是电子密度[ρ]的泛函。

根据 H - K 第二定理，基态能量在电子数不变的条件下，对密度函数的变分为零，即

$$\delta E_v[\rho] - \mu\delta[\rho'(\vec{r})\mathrm{d}\vec{r} - N] = 0 \qquad (2.47)$$

其中，μ 为 Lagrange 因子。由此得到相对应的 Euler - Lagrange 方程：

$$\mu = \delta T[\rho]/\delta\rho(\vec{r}) + \nu(\vec{r}) + \delta V_{ee}[\rho]/\delta\rho(\vec{r}) \tag{2.48}$$

其中，$\nu(\vec{r})$ 为外势场，满足 $V_{ne}[\rho] = \int \nu(\vec{r})\rho'(\vec{r})\mathrm{d}r$，一般情况下，对于给定的分子结构，$\nu(\vec{r})$ 是已知的。

尽管 Hohenberg – Kohn 定理为密度泛函理论奠定了理论基础，但是并没有给出泛函 $T[\rho]$ 和 $V_{ee}[\rho]$ 的具体形式，无法进行实际计算。因此，找到精确表示 $T[\rho]$ 和 $V_{ee}[\rho]$ 的泛函成为解决这个问题的关键。

2.3.3 Kohn – Sham 方法

1965 年，Kohn 和 Sham 提出了一种计算动能的方法，利用非相互作用参考系统的动能，从而估计实际系统动能的主要部分，因此，动能的误差和电子相互作用能与库仑作用能的差合并为一项，也就是电子的交换和相关能项，在此基础上，寻求其泛函的表达式，使用的方法是引入一套 K – S 轨道：

$$T_s[\rho] = \sum_i \langle \Psi_i | -\frac{1}{2}\nabla^2 | \Psi_i \rangle \tag{2.49}$$

$$\rho(\vec{r}) = \sum_i \sum_i |\Psi_i(\vec{r},s)|^2 \tag{2.50}$$

其中，$T_s[\rho]$ 是 N 个无相关作用的电子的动能，这就是 Kohn – Sham 方法。基态的总能量可以表示为：

$$F[\rho] = T_s[\rho] + J[\rho] + E_{xc}[\rho] \tag{2.51}$$

其中，$J[\rho]$ 是经典库仑作用泛函，$E_{xc}[\rho]$ 是电子交换相关泛函：

$$E_{xc}[\rho] = T[\rho] - T_s[\rho] + V_{ee}[\rho] - J[\rho] \tag{2.52}$$

利用以上表达式，便可将总能量对单粒子轨道进行变分，从而求出 Kohn – Sham 轨道方程的解：

$$\left[-\frac{1}{2}\nabla^2 + \nu_{eff}(\vec{r})\right]\Psi_i = \varepsilon_i \Psi_i \tag{2.53}$$

$$\nu_{eff}(\vec{r}) = \nu_{ne}(\vec{r}) + \int \frac{\rho(\vec{r}')}{|\vec{r} - \vec{r}'|}\mathrm{d}\vec{r}' + \nu_{xc}(\vec{r}) \tag{2.54}$$

其中，右边第一项 $\nu_{ne}(\vec{r})$ 是核吸引势能项，积分项是电子间 Coulomb 势能项，最后是交换相关势能项，即：

$$\nu_{xc}(\vec{r}) = \delta V_{xc}[\rho]/\delta\rho(\vec{r}) \tag{2.55}$$

Kohn - Sham 方程与 H - F 方程形式上相同,不同之处在于 Kohn - Sham 方程包涵了电子相关交换效应。Kohn - Sham 方程开辟了求解系统能量的一条新的途径,即如果求解得到电子交换相关能泛函 $E_{xc}[\rho]$ 的具体形式,就可以准确地求出系统的能量。

2.3.4 局域密度近似与广义梯度近似

局域密度近似(Local Density Approximation, LDA),是一种最简单的近似处理交换相关能泛函的方法。交换相关能泛函的形式为:

$$E_{xc}^{\mathrm{LDA}}[\rho] = E_{x}^{\mathrm{LDA}}[\rho] + E_{c}^{\mathrm{LDA}}[\rho] = \int\varepsilon_x[\rho]\rho(\vec{r})\mathrm{d}\vec{r} + \int\varepsilon_c[\rho]\rho(\vec{r})\mathrm{d}\vec{r} \tag{2.56}$$

其中,$\varepsilon_x[\rho]$ 是交换能密度函数,$\varepsilon_c[\rho]$是相关能密度函数。上式表明空间的每一点的交换能密度和相关能密度只能决定该点的电子密度,与其他点的电子密度无关。用局域密度近似方法处理自旋极化时,交换能的形式可以写成:

$$E_x[\rho_\alpha,\rho_\beta] = \frac{1}{2}E_x^0[2\rho_\alpha] + \frac{1}{2}E_x^0[2\rho_\beta] \tag{2.57}$$

$$E_x^0[\rho] = E_x\left[\frac{1}{2}\rho,\frac{1}{2}\rho\right] \tag{2.58}$$

相同的自旋电子之间和不同的自旋电子之间都存在相关作用,因此,不能把相关能泛函写成不同自旋电子的相关能贡献的总和。采用 Stoll 的定义,把局域密度近似的相关能泛函写成如下形式:

$$E_c = E_c^{\ \alpha\beta} + E_c^{\ \alpha\alpha} + E_c^{\ \beta\beta} \tag{2.59}$$

引入电子密度的极化参数 $\xi = (\rho_\alpha - \rho_\beta)/(\rho_\alpha + \rho_\beta)$,相关能泛函的形式可以写成:

$$E_c^{\mathrm{LDA}}[\rho_\alpha,\rho_\beta] = \int\varepsilon_c(\rho,\xi)\rho\mathrm{d}\vec{r} \tag{2.60}$$

其中,ρ_α是自旋为 α 的电子的密度,ρ_β是自旋为 β 的电子的密度。1980 年,Vosko 等人在均匀电子气的相关能泛函基础上,得到更为精确的形式。

局域密度近似是建立在理想的均匀电子气模型基础上的,但是,实际原子和分子系统的电子密度不均匀,所以通常由局域密度近似计算得到的原子或分子的化学性质,往往不能满足化学家的要求。为了提高计算精度,需要考虑电子密度的非均匀性,在此背景下,一个改进的近似方法——广义梯度近似(Generalized Gradient Approximation,GGA)方法被提出。广义梯度近似方法是将密度梯度 $\nabla\rho$ 引入泛函之中,广义梯度近似交换能泛函的一般形式如下:

$$E_x^{\mathrm{GGA}} = E_x^{\mathrm{LDA}} - \sum_{\sigma} F(x_\sigma)\rho_\sigma^{4/3}(\vec{r})\mathrm{d}\vec{r} \tag{2.61}$$

其中,$x_\sigma = |\nabla\rho_\sigma|\rho_\sigma^{4/3}$ 称为约化梯度。1988 年, Becke 提出了 B88 交换能泛函的表达式:

$$E_x^{\mathrm{B88}} = E_x^{\mathrm{LDA}} - \beta\sum_{\sigma}\int\rho_\sigma^{4/3}\frac{x_\sigma^2}{1 + 6\beta_\alpha \sin^{-1}x_\sigma}\mathrm{d}\vec{r} \tag{2.62}$$

其中,β 为 0.0042。

1986 年, Perdew 和 Wang 将 LDA 交换能进一步改进为:

$$E_x^{\mathrm{PW86}} = E_x^{\mathrm{LDA}}(1 + ax^2 + bx^2 + cx^6)^{1/15} \tag{2.63}$$

其中,$x = |\nabla\rho|/\rho^{4/3}$,a,b,c 为常数。Perdew 和 Wang 在此基础上,引入了一些半经验参数,得到了 PW91 交换能泛函,其表达式为:

$$E_x^{\mathrm{PW91}} = \int\rho\varepsilon_x(\vec{r}_s,0)F(s)\mathrm{d}^3\vec{r} \tag{2.64}$$

其中,$\varepsilon_x(\vec{r}_s,0) = -3k_f/4\pi$,$F(s) = 1 + 0.1234s^2 + \cdots(s^4)$,而 $k_f = (3\pi^2\rho)^{1/3}$,$s = -|\nabla\rho|/2k_f\rho$(“…”处为省略高次项)。

1998 年, Adamo 和 Barone 进一步改进 PW91 交换能泛函,新的 MPW 交换泛函的校正因子表达式为:

$$F(x) = \frac{bx^2 - (b-\beta)x^2e^{-cx^2} - 10^{-6}x^d}{1 + 6bx\sinh^{-1}x - \dfrac{10^{-6}x^d}{A_x}} \tag{2.65}$$

其中,$\beta = 5(36\pi)^{-5/3}$,$A_x = -\frac{3}{2}\left(\frac{3}{4\pi}\right)^{1/3}$,b,c,d 为参数。

1986 年, Perdew 和 Wang 提出的相关能泛函是常用的广义梯度近似相关泛函之一:

$$E_c^{\mathrm{P86}} = E_c^{\mathrm{LDA}} + \int d^{-1}e^{-\varphi}C[\rho]\,|\nabla\rho|^2\rho^{-4/3}\mathrm{d}\vec{r} \tag{2.66}$$

$$\varphi = 1.745 \times 0.11 \times C[\infty]\,|\nabla\rho|/(C[\rho]\rho^{7/6}) \tag{2.67}$$

$$d = 2^{1/3}\left[\left(\frac{1+\xi}{2}\right)^{5/3} + \left(\frac{1-\xi}{2}\right)^{5/3}\right]^{1/2} \tag{2.68}$$

$$C[\rho] = a + (b + ar_s + \beta r_s^2)(1 + \gamma r_s + \delta r_s^2 + 10^4\beta r_s^3)^{-1} \tag{2.69}$$

$a,b,\alpha,\beta,\gamma,\delta$ 为参数，是通过拟合实验数据得到的。1988 年，Lee 、Yang 和 Parr 利用 Colle – Salvetti 公式导出了被广泛使用的 LYP 泛函，其具体表达式如下：

$$E_c^{\mathrm{LYP}} = -a\int \frac{\gamma(\vec{r})}{1 + d\rho^{-1/3}}\{\rho + 2b\rho^{-5/3}[2^{2/3}C_F\rho_\alpha^{8/3} + 2^{2/3}C_F\rho_\beta^{8/3} - \rho t_w + \frac{1}{9}(\rho_\alpha t_w^\alpha + \rho_\beta t_w^\beta) + \frac{1}{18}(\rho_\alpha \nabla^2\rho_\alpha + \rho_\beta \nabla^2\rho_\beta)]e^{-c\rho^{-1/3}}\}\,\mathrm{d}\vec{r} \tag{2.70}$$

式中，$\gamma(\vec{r}) = 2\left[1 - \frac{\rho_\alpha^2(\vec{r}) + \rho_\beta^2(\vec{r})}{\rho^2(\vec{r})}\right]$，$t_w(\vec{r}) = \frac{1}{8}\frac{|\nabla\rho(\vec{r})|^2}{\rho^2(\vec{r})} - \frac{1}{8}\nabla^2\rho(\vec{r})$，$C_F = \frac{3}{10}(3\pi^2)^{2/3}$ ，a,b,c,d 是常数。

密度泛函理论是一种交换泛函和一种相关泛函的结合。BLYP 泛函就结合了 Becke 的广义梯度近似交换泛函和 Lee – Yang – Parr 的广义梯度近似相关泛函。

1993 年，Becke 提出三参数组合泛函，包括 Hartree – Fock 交换项。

$$E_{xc}^{\mathrm{B3LYP}} = E_X^{\mathrm{LDA}} + c_0(E_X^{\mathrm{HF}} - E_X^{\mathrm{LDA}}) + c_X\Delta E_X^{\mathrm{B88}} + E_C^{\mathrm{VWN3}} + c_C(E_C^{\mathrm{LYP}} - E_C^{\mathrm{VWN3}}) \tag{2.71}$$

Becke 通过调节上式中的 3 个参数 $c_0 = 0.20$，$c_X = 0.72$，$c_C = 0.81$，计算得到的离解能和 G2 系列中的结果吻合到 2 kcal · mol^{-1}。

采用 Becke 定义的交换泛函，结合 Perdew 定义的相关泛函。得到：

$$E_{XC}^{\mathrm{BP86}} = E_X^{\mathrm{Becke88}} + E_C^{\mathrm{Perdew86}} \tag{2.72}$$

上式第二项的表达式为：

$$E_C^{\mathrm{Perdew86}} = \int \frac{C(\rho)\,|\nabla\rho|^2}{de^{\Phi}\rho^{4\beta}}\mathrm{d}^3r \tag{2.73}$$

其中，$C(\rho) = 0.001667 + \frac{(0.002568 + \alpha r_s + \beta r_s^2)}{(1 + \gamma r_s + \delta r_s^2 + 10^4\beta r_s^3)}$，$r_s = \left(\frac{3}{4\pi\rho}\right)^{1/3}$，

$d = 2^{1/3}\left[\left(\frac{1+\zeta}{2}\right)^{5/3} + \left(\frac{1-\zeta}{2}\right)^{5/3}\right]^{1/2}$，$\zeta = \frac{\rho^r - \rho^{r1}}{\rho^r + \rho^{r1}}$，$\Phi = 1.745\bar{f}\frac{C(\infty)\,|\nabla\rho|}{C(\rho)\rho^{7/6}}$，

$\alpha = 0.023266, \beta = 7.389 \times 10^{-6}, r = 8.723, \delta = 0.472, \bar{f} = 0.11$，这就是应用广泛的 BP86 密度泛函。

与之前的方法比较，密度泛函方法的计算量显著降低，在一定程度上考虑了电子的相关效应，因此，适用于从头算法无法应用的较大分子，是当前国际上应用最广泛的分子设计和结构预测的理论计算方法。

2.4 自洽反应场方法的极化连续介质模型

模拟非水溶液体系模型的方法被称为自洽反应场(Self-Consistent Reaction Field, SCRF)方法。该方法把溶剂模拟成具有相同介电常数 ε 的连续介质，溶质处于溶剂形成的空穴中。

Tomasi 的极化连续介质模型(PCM)把空穴定义为一系列互相联结的原子球面的组合。

使用 PCM 模型，溶剂化系统的自由能为：

$$G(\Psi) = \langle \Psi | H_0 | \Psi \rangle + \frac{1}{2} \langle \Psi | H_{pol} | \Psi \rangle \tag{2.74}$$

式中，右边第一项为溶剂电场修正的溶质 Hamilton，第二项包括溶剂 - 溶质稳定化能和使溶剂极化的可逆功，该项取决于溶质电荷分布与溶剂电场的耦合，从反应场空穴表面诱导出的电荷求 H_{pol} 值：

$$H_{pol} = \sum_a \sum_j Z_a | R_a - r_s^j |^{-1} - \sum_i \sum_j q_p^j | r_i - r_s^j |^{-1} \tag{2.75}$$

其中，Z_a 为原子核电荷数，R_a 为原子核坐标，q_p 为在某一固定点的诱导电荷，r_s 是在空穴表面某点的位置，r_i 是溶质电子的电荷分布的位置。H_{pol} 依赖于溶质的电子密度，已知 H_{pol} 也可求出该电子密度。这就可以应用到自洽场计算中，求出的溶质电子密度又可以用于求下一级的 H_{pol}，一直迭代到电荷变化满足所需要的判据为止。

计算电场，求出网格点内的电荷：

$$q_p^j = \sum_k A_{jt}^{-1} b_k \tag{2.76}$$

$$b_k = - E(r_s^k) n(r_s^k) \tag{2.77}$$

其中，E 为电场，n 是与表面正交的矢量。A 矩阵可以描述为：

$$A_{ii} = \frac{1}{w_i}\left[\frac{2\pi(\varepsilon + 1)}{\varepsilon - 1} + 2\pi - \sum_{j\neq 1}\frac{n(r_s^j)(r_s^j - r_s^i)}{|r_s^j - r_s^i|^3}w_j\right] \tag{2.78}$$

$$A_{ji} = \frac{n(r_s^j)(r_s^j - r_s^i)}{|r_s^j - r_s^i|^3} \tag{2.79}$$

其中，w_i 为表面各点能够准确求得面积的权重，ε 为溶剂的介电常数。

在使用 PCM 模型时，我们首先要选择空穴半径。一般采用 Tomasi 的建议，测得的准确空穴半径比标准半径大 20%。

第3章　N－杂环卡宾－吡啶基二联吡啶钌结构和光谱性质的理论研究

3.1　研究对象

以N3为结构基础的分子一直被人们密切关注。基于N3结构的染料分子的配体可以分为三类:附着配体、辅助配体和供电子配体。其中供电子配体负责电子和空穴的传输以及氧化态染料分子的再生利用,而附着配体能使染料分子牢固地连接在半导体的表面且在电荷注入过程中起着重要作用。带羧基的联吡啶配体和NCS配体被引进钌光敏染料中承担附着配体和供电子配体的作用。为了提高染料的性能,研究者们对配体的选择和修饰做了许多尝试。但是,替代带羧基的联吡啶附着配体和NCS供电子配体的尝试并不成功。目前,比较成功的提高染料性能的方法是利用取代基团修饰辅助配体或利用其他基团代替辅助配体。最近,Li等人以N3为母体,利用N－杂环卡宾配体替代一个二联吡啶配体,合成了系列Ru－N－杂环卡宾配合物染料。实验研究表明,该类染料分子具有良好的敏化性能,但是关于此类染料分子的理论研究还很缺乏,而量子化学方法已成为揭示染料分子结构与性能之间关系的可靠研究手段,为快速筛选高效染料分子提供了可靠的理论依据。

本章利用不同的取代基修饰N－杂环卡宾－吡啶配体作为辅助配体设计了系列染料分子1～4(见图3－1),并利用DFT和TDDFT方法计算了染料分子1～4的几何结构、电子结构、电子吸收光谱性质及溶剂化效应,讨论了电子注入效率和染料再生效率等影响染料性能的理论参数。计算结果有望为今后设计合成新型高效光敏染料提供一定的理论指导。

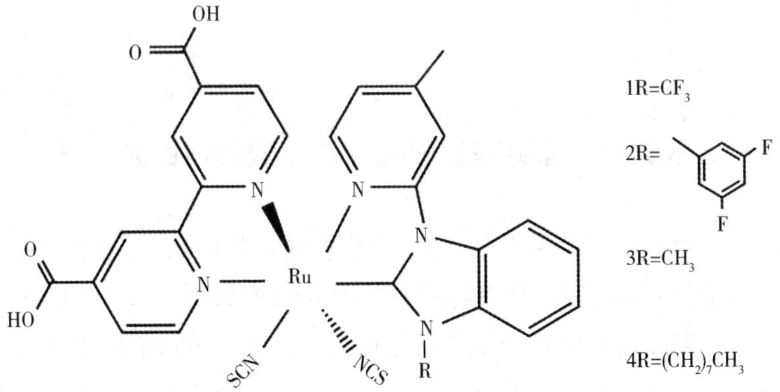

图 3－1　染料分子 1 ~4 的结构示意图

3.2　计算方法

采用密度泛函理论中的 B3LYP 泛函优化了染料分子 1 ~4 的基态几何结构。为验证计算得到的几何构型是局域最小值，在相同水平下进行了频率计算，计算结果表明无虚频存在。以上述计算为基础，采用含时密度泛函理论（TDDFT），结合自洽反应场（SCRF）方法中的极化连续介质模型（Polarizable Continuum Model，PCM）来模拟溶剂化效应，得到了染料分子在 CH_3CN 溶液中的激发态电子结构和电子吸收光谱。考虑到溶剂化的影响，采用 ROB3LYP 泛函结合 PCM 模型在优化的几何结构基础上进行单点能计算，得到染料分子 1~4的基态氧化电位。

计算中采用 LanL2DZ 基组，对 Ru 和 S 原子使用 Hay 与 Wadt 提出的准相对论赝势，Ru 原子使用 16 个价电子，S 使用 6 个价电子。因此，计算中使用的基组为：Ru（8s7p6d/6s5p3d），S（3s3p1d/2s2p1d），F（10s5p/3s2p），O（10s5p/3s2p），N（10s5p/3s2p），C（10s5p/3s2p）和 H（4s/2s）。所有计算均使用 Gaussian 09 程序完成。

3.3 结果与讨论

3.3.1 N－杂环卡宾－吡啶基二联吡啶钌光敏染料的几何结构

用B3LYP方法优化了染料分子1~4的基态稳定几何结构，计算结果表明染料分子1~4均具有^1A基态，计算得到的主要几何参数列于表3－1中，同时给出了X射线衍射测得的染料分子2的晶体结构数据，并在图3－2中给出染料分子1~4的几何结构图。如表3－1所示，计算得到的几何参数和实验数据吻合得很好，说明本章采取的计算方法是可靠的。如图3－2所示，由于Ru(Ⅱ)原子采用低自旋的$4d^6 5s^0$电子组态，所以染料分子1~4具有以RuN_5C为中心的略微扭曲的八面体构型。由表3－1可知，N2—Ru—C1在175°~177°之间，偏离正八面体的180°，二联吡啶配体的配位角N1—Ru—N2及N－杂环卡宾－吡啶上的配位角N5—Ru—C1在78°左右，也偏离标准的90°，由此也可证明染料分子1~4的基态几何结构是略微扭曲的八面体。计算得到的染料分子1~4的主要几何参数很相似，其中二联吡啶配体的Ru—N2键长比Ru—N1键长短0.082~0.087 Å，这是由于Ru—N1与NCS配体贯穿连接，而Ru—N2键与N－杂环卡宾配体贯穿连接，N－杂环卡宾配体中C原子较强的反位影响，使得Ru—N2键长比Ru—N1键长长。此外，吡啶环的N—C键长为1.360~1.390 Å，比普通的N—C单键键长短大约0.100 Å，这种现象是吡啶环N原子的孤对电子离域的结果。由图3－2和表3－1可知，染料分子1~4的几何结构很相似，因此，染料分子1~4光吸收性能的好坏应该不是几何结构所能影响的。

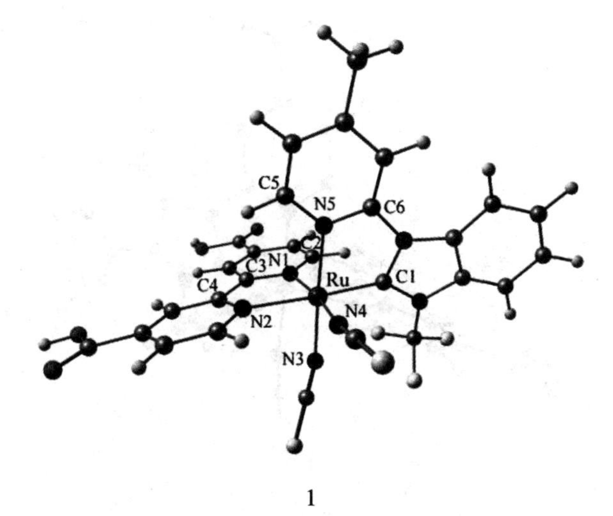

1

2

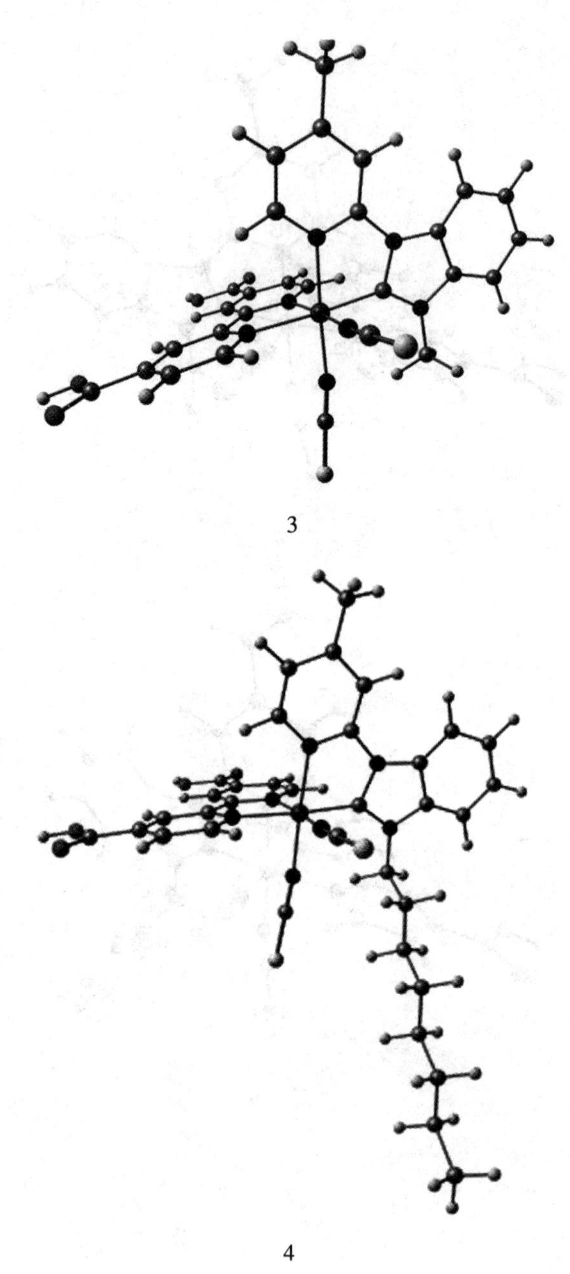

图 3－2　染料分子 1～4 的几何结构图

表 3－1　计算得到的染料分子 1~4 的基态几何参数及实验数据

几何参数		1	2	3	4	实验数据
键长/Å	Ru—N1	2.046	2.040	2.041	2.039	2.038
	Ru—N2	2.129	2.127	2.123	2.123	2.119
	Ru—N3	2.026	2.040	2.039	2.037	—
	Ru—N4	2.040	2.042	2.038	2.039	—
	Ru—N5	2.087	2.092	2.092	2.092	—
	Ru—C1	1.963	1.980	1.984	1.986	1.973
	N1—C2	1.370	1.372	1.372	1.372	—
	N1—C3	1.388	1.390	1.390	1.390	—
	N2—C4	1.375	1.376	1.376	1.376	—
	N5—C5	1.360	1.361	1.361	1.361	—
	N5—C6	1.361	1.361	1.361	1.361	—
键角/(°)	N1—Ru—N2	78.6	78.7	78.7	78.7	—
	N5—Ru—C1	78.5	78.5	78.6	78.5	—
	N2—Ru—C1	176.6	175.9	176.1	175.9	—

3.3.2　N－杂环卡宾－吡啶基二联吡啶钌光敏染料的电子结构

3.3.2.1　前线分子轨道性质分析

分子轨道性质决定染料分子的电子激发和跃迁的性质，所以详细讨论前线分子轨道的性质是非常重要的。本章在表 3－2 中列出了染料分子 1～4 在 CH_3CN 溶液中的部分前线分子轨道的组成，并且在图 3－3 中列出了染料分子 4 在 CH_3CN 溶液中的部分前线分子轨道电子云图。

表3-2 染料分子1~4在CH_3CN溶液中部分前线分子轨道的组成

分子轨道	能量/eV	组成%				轨道性质
		Ru	dcbpy	NHC-py	NCS	
			1			
LUMO+5	-1.22	1	1	98	0	π*(NHC-py)
LUMO+4	-1.54	3	1	96	0	π*(NHC-py)
LUMO+3	-2.06	11	4	84	1	π*(NHC-py)
LUMO+2	-2.21	0	96	3	0	π*(dcbpy)
LUMO+1	-2.71	2	97	1	0	π*(dcbpy)
LUMO	-3.20	7	90	1	1	π*(dcbpy)
			HOMO-LUMO能级			
HOMO	-5.43	41	8	4	48	d(Ru)-π*(NCS)
HOMO-1	-5.70	30	3	2	65	d(Ru)-π*(NCS)
HOMO-2	-5.83	29	1	10	60	d(Ru)-π*(NCS)
HOMO-3	-6.13	1	0	0	99	π*(NCS)
HOMO-4	-6.68	20	2	40	39	d(Ru)-π*(NCS)-π(NHC-py)
HOMO-5	-6.86	40	7	7	46	d(Ru)-π*(NCS)
HOMO-6	-6.94	39	8	8	45	d(Ru)-π*(NCS)
HOMO-7	-7.29	5	1	90	3	π(NHC-py)
HOMO-8	-7.65	1	97	1	1	π(dcbpy)
HOMO-9	-7.79	20	2	69	8	d(Ru)-π(NHC-py)
HOMO-10	-8.04	0	0	100	0	π(NHC-py)
			2			
LUMO+5	-1.11	1	0	99	0	π*(methybenzene)
LUMO+4	-1.38	2	1	96	0	π*(NHC-py)

续表

分子轨道	能量/eV	组成%				轨道性质
		Ru	dcbpy	NHC－py	NCS	
LUMO＋3	－1.80	7	1	91	1	π^*(NHC－py)
LUMO＋2	－2.17	0	98	1	0	π^*(dcbpy)
LUMO＋1	－2.67	2	97	0	0	π^*(dcbpy)
LUMO	－3.15	8	89	1	1	π^*(dcbpy)
			HOMO－LUMO 能级			
HOMO	－5.35	45	9	4	42	d(Ru)－π^*(NCS)
HOMO－1	－5.65	40	4	7	50	d(Ru)－π^*(NCS)
HOMO－2	－5.67	36	3	8	54	d(Ru)－π^*(NCS)
HOMO－3	－6.16	0	0	0	99	π^*(NCS)
HOMO－4	－6.56	14	1	39	46	d(Ru)－π^*(NCS)－π(NHC－py)
HOMO－5	－6.78	35	6	10	49	d(Ru)－π^*(NCS)
HOMO－6	－6.83	26	6	24	45	d(Ru)－π^*(NCS)
HOMO－7	－6.96	9	3	73	15	π(NHC－py)
HOMO－8	－7.44	0	0	100	0	π(methybenzene)
HOMO－9	－7.53	15	2	76	8	d(Ru)－π(NHC－py)
HOMO－10	－7.60	1	96	2	0	π(dcbpy)
			3			
LUMO＋5	－1.03	2	0	98	0	π^*(NHC－py)
LUMO＋4	－1.35	3	1	96	0	π^*(NHC－py)
LUMO＋3	－1.75	6	1	92	1	π^*(NHC－py)
LUMO＋2	－2.16	0	99	1	0	π^*(dcbpy)
LUMO＋1	－2.66	2	97	0	0	π^*(dcbpy)

续表

分子轨道	能量/eV	组成%				轨道性质
		Ru	dcbpy	NHC - py	NCS	
LUMO	-3.13	9	89	1	1	π^*(dcbpy)
			HOMO - LUMO 能级			
HOMO	-5.31	45	9	4	42	d(Ru) - π^*(NCS)
HOMO - 1	-5.60	41	3	8	48	d(Ru) - π^*(NCS)
HOMO - 2	-5.63	37	3	6	54	d(Ru) - π^*(NCS)
HOMO - 3	-6.11	0	0	0	99	π^*(NCS)
HOMO - 4	-6.50	14	1	38	47	d(Ru) - π^*(NCS) - π(NHC - py)
HOMO - 5	-6.74	32	6	13	49	d(Ru) - π^*(NCS)
HOMO - 6	-6.78	24	5	32	39	d(Ru) - π^*(NCS) - π(NHC - py)
HOMO - 7	-6.90	12	4	62	22	d(Ru) - π^*(NCS) - π(NHC - py)
HOMO - 8	-7.50	23	2	64	11	d(Ru) - π(NHC - py)
HOMO - 9	-7.59	1	97	1	1	π(dcbpy)
HOMO - 10	-7.88	0	0	100	0	π(NHC - py)
			4			
LUMO + 5	-1.03	2	0	98	0	π^*(NHC - py)
LUMO + 4	-1.35	2	1	96	0	π^*(NHC - py)
LUMO + 3	-1.74	7	1	91	1	π^*(NHC - py)
LUMO + 2	-2.15	0	98	1	0	π^*(dcbpy)
LUMO + 1	-2.66	2	97	0	0	π^*(dcbpy)
LUMO	-3.12	9	89	1	1	π^*(dcbpy)
			HOMO - LUMO 能级			
HOMO	-5.30	45	9	4	41	d(Ru) - π^*(NCS)
HOMO - 1	-5.59	40	4	7	49	d(Ru) - π^*(NCS)
HOMO - 2	-5.61	37	3	8	52	d(Ru) - π^*(NCS)

续表

分子轨道	能量/eV	组成%				轨道性质
		Ru	dcbpy	NHC－py	NCS	
HOMO－3	－6.10	0	0	0	99	π^*(NCS)
HOMO－4	－6.49	14	1	38	48	d(Ru)－π^*(NCS)－π(NHC－py)
HOMO－5	－6.71	32	6	15	47	d(Ru)－π^*(NCS)
HOMO－6	－6.75	22	5	37	37	d(Ru)－π^*(NCS)－π(NHC－py)
HOMO－7	－6.88	14	4	57	26	d(Ru)－π^*(NCS)－π(NHC－py)
HOMO－8	－7.48	24	2	63	12	d(Ru)－π(NHC－py)
HOMO－9	－7.58	1	98	1	1	π(dcbpy)
HOMO－10	－7.86	0	0	100	0	π(NHC－py)

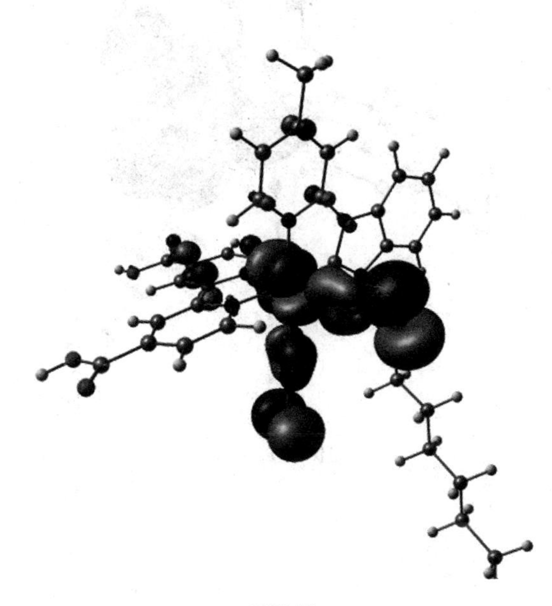

HOMO

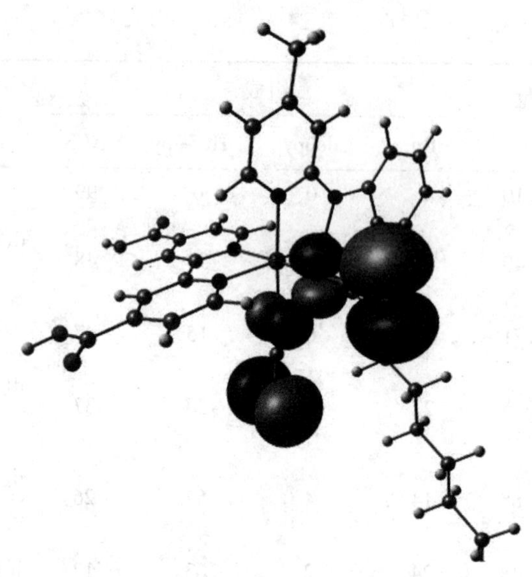

HOMO – 3

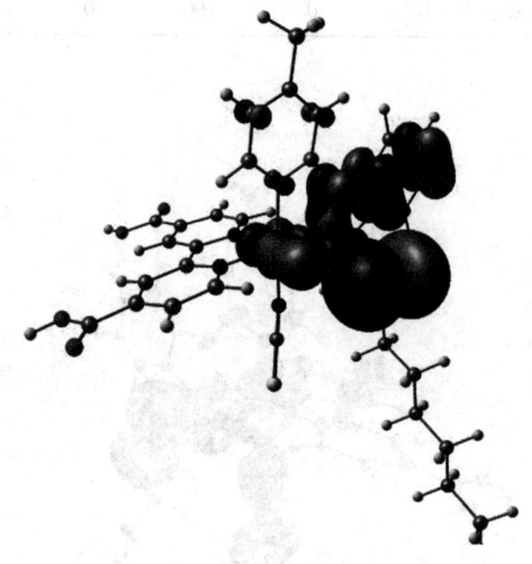

HOMO – 4

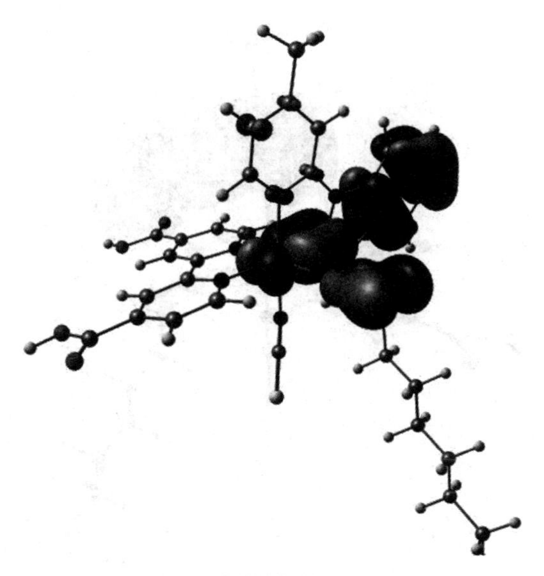

HOMO - 8

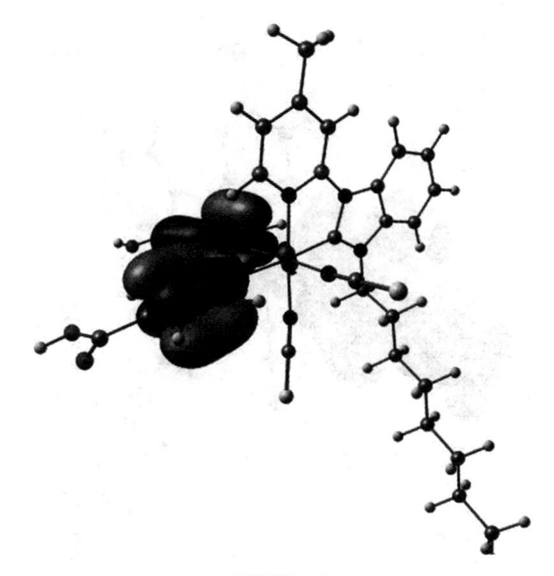

HOMO - 9

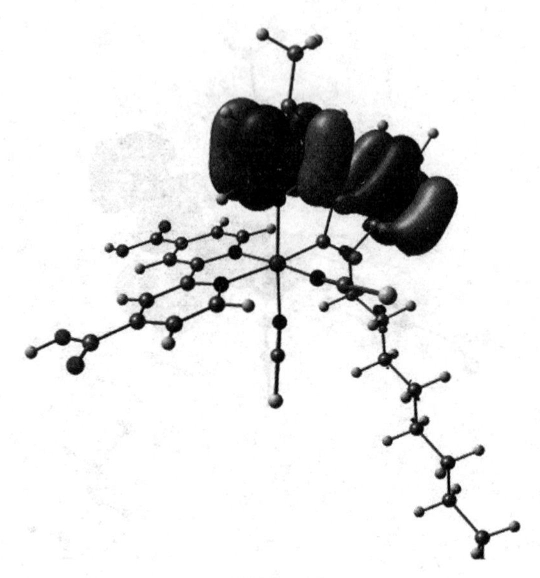

HOMO – 10

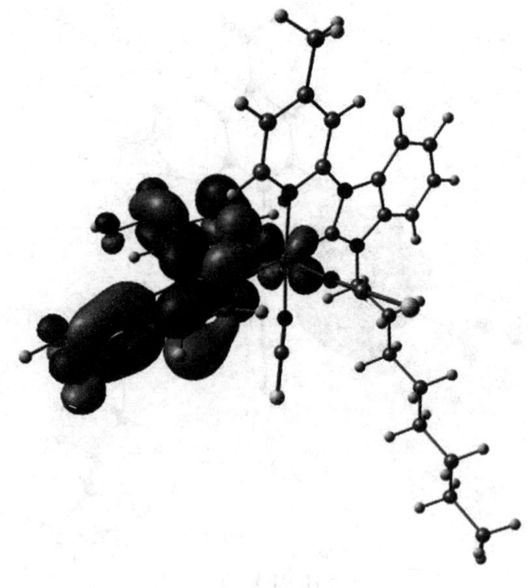

LUMO

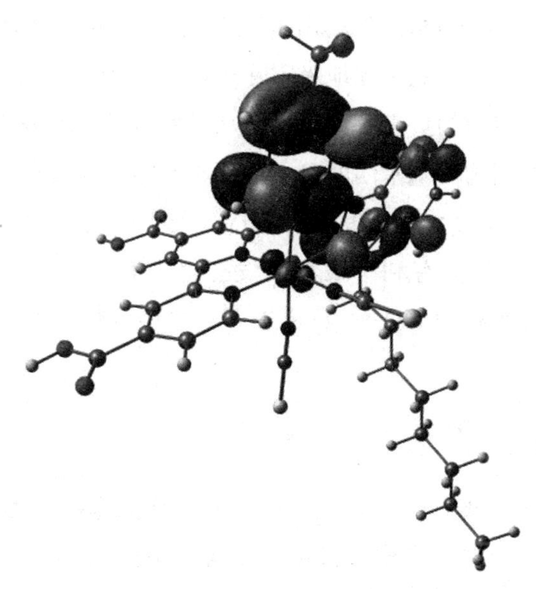

LUMO +4

图3－3 染料分子4在CH_3CN溶液中的部分前线分子轨道电子云图

对于染料分子1~4，占据分子轨道的组成是相似的，因此，以染料分子4为例进行分析。如表3－2和图3－3所示，染料分子4的前11个较高能量占据分子轨道主要有6种类型：HOMO，HOMO－1，HOMO－2和HOMO－5轨道是由Ru原子的d轨道与硫氰酸盐配体（NCS）的π轨道组成的反键形式的轨道。HOMO－3轨道完全由NCS配体的π轨道贡献。HOMO－4、HOMO－6和HOMO－7轨道由Ru原子的d轨道、NCS配体的π轨道和N－杂环卡宾－吡啶配体的π轨道共同贡献。从前三种类型占据分子轨道的性质可以看出，较高能量的占据分子轨道具有显著的NCS配体特征，在N3和N749染料的研究中已经发现了类似的性质，并且占据分子轨道的这个特征对氧化态染料的再生起着重要的作用。由于引进了N－杂环卡宾－吡啶配体替代一个二联吡啶配体，因此丰富了染料的分子轨道性质。HOMO－8轨道由Ru原子的d轨道和N－杂环卡宾－吡啶配体的π轨道组成。HOMO－10轨道由N－杂环卡宾－吡啶配体的π轨道贡献。HOMO－9轨道由二联吡啶配体的π轨道贡献。

在分析了染料分子4的前6个非占据分子轨道的成分之后，发现它们主要有两种类型：LUMO、LUMO＋1和LUMO＋2具有二联吡啶配体上的π^*反键轨道性质,并且一部分是来自羧基基团的贡献。在染料敏化太阳能电池中,染料分子只有通过羧基基团才能牢固地吸附在 TiO_2 半导体薄膜的表面,因此,羧基基团对非占据分子轨道的贡献有利于电子从染料分子的激发态注入 TiO_2 半导体的导带上。这是因为羧基基团的吸电子性质能够降低具有 π^* 性质的非占据分子轨道的能量,使染料分子激发态的 LUMO 与 TiO_2 半导体的 Ti(3d) 轨道之间的电子耦合增强,从而有利于染料激发态电子有效注入半导体的导带中。LUMO +3、LUMO +4 和 LUMO +5 轨道由 N – 杂环卡宾 – 吡啶配体的 π^* 轨道所贡献。

3.3.2.2 前线分子轨道能级分析

光敏染料的前线分子轨道能级要与 TiO_2 半导体的导带能级和电解质中的氧化还原电对的氧化还原电位相匹配。由表 3 – 2 和图 3 – 4 可知,染料分子 1~4的 LUMO 能量都要高于 TiO_2 半导体的导带能级(–4.0 eV),因此,染料分子 1~4 都可以将光激发第一单重态中的电子直接注入半导体的导带中。同时,染料分子 1 ~ 4 的 HOMO 轨道能量也要低于氧化还原电对的还原电位(–4.6 eV),这有利于氧化态染料分子得到电子再生。

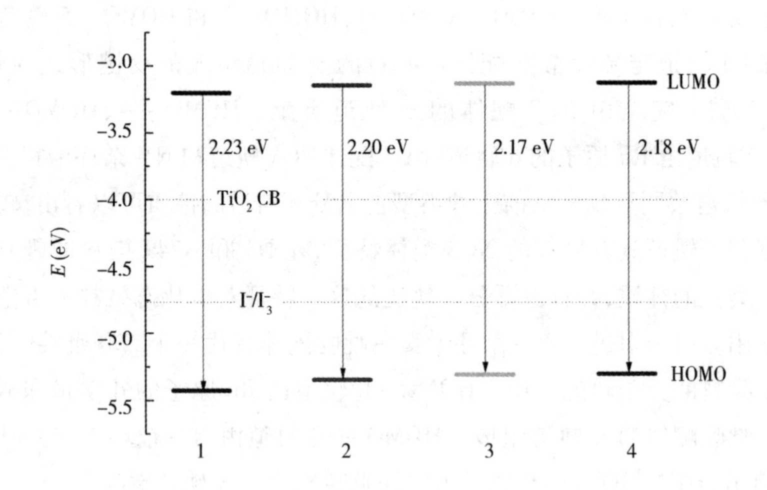

图 3 – 4 染料分子 1~4 在 CH_3CN 溶液中的 HOMO 和 LUMO 分子轨道能级图

对染料分子 1~4 在 CH_3CN 溶液中的前线分子轨道性质的分析表明,染料分子 1~4 的前线分子轨道组成及轨道的能量满足作为染料敏化太阳能电池光敏剂的要求。

3.3.3　N－杂环卡宾－吡啶基二联吡啶钌光敏染料的电子吸收光谱

3.3.3.1　染料分子在 CH_3CN 溶液中的电子吸收光谱

以基态结构为基础,利用 TDDFT 方法计算得到了染料分子 1~4 的电子吸收光谱。以上述计算为基础,利用 SCRF 方法中 PCM 模型来考虑溶剂化效应,计算得到了染料分子 1~4 在 CH_3CN 溶液中的电子吸收光谱。计算得到的激发态、电子吸收波长和相应的振子强度,以及对每个跃迁的指认均列于表 3－3 中,并且表中给出了染料分子 4 在 CH_3CN 溶液中吸收光谱的实验数据。在图 3－5 中给出了基于计算得到的染料分子 1~4 在 CH_3CN 溶液中所有的激发态及利用 Gaussian 函数拟合的吸收光谱。

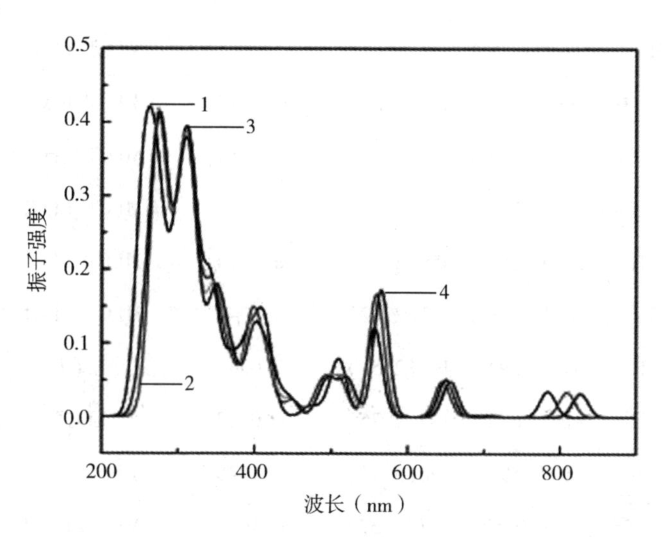

图 3－5　Gaussian 函数拟合的染料分子 1~4 在 CH_3CN 溶液中的吸收光谱

表3-3 染料分子1~4在CH_3CN溶液中的吸收光谱

染料分子	激发态	激发组态（|CI| coef.）	激发能/nm(eV)	振子强度	跃迁指认	实验数据/nm
1	A^1A	H→L(0.65)	784(1.58)	0.0353	MLCT/LLCT	—
	B^1A	H-1→L(0.64)	650(1.91)	0.0509	MLCT/LLCT	—
	C^1A	H→L+1(0.66)	556(2.23)	0.1206	MLCT/LLCT	—
	D^1A	H-3→L(0.69)	510(2.43)	0.0447	LLCT	—
	E^1A	H→L+3(0.64)	495(2.50)	0.0163	MLCT/LLCT	—
	F^1A	H-5→L(0.56)	414(2.99)	0.0901	MLCT/LLCT	—
	G^1A	H-6→L(0.65)	388(3.19)	0.0706	MLCT/LLCT	—
	H^1A	H-7→L(0.59)	344(3.60)	0.0442	π(NHC-py)→π*(dcbpy)	—
		H-5→L+1(0.35)	—	—	MLCT/LLCT	—
	I^1A	H-8→L(0.55)	319(3.89)	0.1692	π(dcbpy)→π*(dcbpy)	—
		H-5→L+2(0.21)	—	—	MLCT/LLCT	—
2	A^1A	H→L(0.65)	809(1.53)	0.0342	MLCT/LLCT	—
	B^1A	H-2→L(0.48)	646(1.92)	0.0484	MLCT/LLCT	—
		H-1→L(0.39)	—	—	MLCT/LLCT	—
	C^1A	H→L+1(0.64)	558(2.12)	0.1664	MLCT/LLCT	—
	D^1A	H-1→L+1(0.69)	513(2.42)	0.0342	MLCT/LLCT	—
	E^1A	H-3→L(0.69)	493(2.51)	0.0349	LLCT	—
	F^1A	H→L+3(0.67)	449(2.76)	0.0222	LLCT	—
	G^1A	H-6→L(0.59)	396(3.13)	0.1145	MLCT/LLCT	—
	H^1A	H-5→L+1(0.52)	347(3.57)	0.1073	MLCT/LLCT	—
	I^1A	H-7→L+1(0.54)	320(3.87)	0.0239	π(NHC-py)→π*(dcbpy)	—

续表

染料分子	激发态	激发组态（|CI| coef.）	激发能/nm(eV)	振子强度	跃迁指认	实验数据/nm
	J^1A	H－10→L(0.54)	318(3.88)	0.1398	π(dcbpy)→π*(dcbpy)	—
3	A^1A	H→L(0.65)	825(1.50)	0.0331	MLCT/LLCT	—
	B^1A	H－2→L(0.52)	654(1.90)	0.0454	MLCT/LLCT	—
	C^1A	H→L+1(0.63)	565(2.20)	0.1711	MLCT/LLCT	—
	D^1A	H－1→L+1(0.69)	520(2.38)	0.0302	MLCT/LLCT	—
	E^1A	H－3→L(0.70)	498(2.49)	0.0365	LLCT	—
	F^1A	H→L+3(0.67)	447(2.78)	0.0232	MLCT/LLCT	—
	G^1A	H－6→L(0.61)	398(3.12)	0.1097	MLCT/LLCT	—
	H^1A	H－6→L+1(0.40)	349(3.55)	0.1074	MLCT/LLCT	—
		H－5→L+1(0.48)	—	—	MLCT/LLCT	—
	I^1A	H－9→L(0.48)	318(3.90)	0.1390	π(dcbpy)→π*(dcbpy)	—
		H－4→L+2(0.40)	—	—	LLCT	—
4	A^1A	H→L(0.65)	826(1.89)	0.0321	MLCT/LLCT	750
	B^1A	H－1→L(0.69)	656(1.79)	0.0484	MLCT/LLCT	630
	C^1A	H→L+1(0.63)	565(2.19)	0.1724	MLCT/LLCT	535
	D^1A	H－1→L+1(0.69)	524(2.49)	0.0361	MLCT/LLCT	—
	E^1A	H－3→L(0.70)	499(2.48)	0.0376	LLCT	—
	F^1A	H→L+3(0.66)	446(2.78)	00243	MLCT/LLCT	442
	G^1A	H－6→L(0.62)	399(3.10)	0.0987	MLCT/LLCT	—
	H^1A	H－5→L+1(0.49)	352(3.52)	0.1051	MLCT/LLCT	—
	I^1A	H－9→L(0.38)	310(4.00)	0.1454	π(dcbpy)→π*(dcbpy)	—

续表

染料分子	激发态	激发组态 (|CI| coef.)	激发能/nm(eV)	振子强度	跃迁指认	实验数据 /nm
4		H-5→L+2(0.36)	—	—	MLCT/LLCT	—
	J^1A	H-6→L+3(0.52)	280(4.43)	0.1282	MLCT/LLCT	—
		H-5→L+3(0.30)	—	—	MLCT/LLCT	—

以 400 nm 作为分界线,吸收光谱可以分成两个部分:可见光区域和非可见光区域。吸收波长大于 400 nm 属于可见光区域,可见光可以被电池有效利用并转换为电能。如表 3-3 所示,染料分子 1~4 的吸收光谱具有相似的跃迁性质,我们以染料分子 4 为例详细分析它们的激发态性质和吸收光谱性质。对于染料分子 4,在波长大于 400 nm 的范围内有 5 个吸收峰。计算得到的最低能吸收发生在 826 nm 处,吸收振子强度为 0.0321。在该激发态中,HOMO→LUMO (|CI| =0.65)的电子跃迁组态具有最大的|CI|波函数组合系数,大约为 0.65,因此该跃迁组态决定 826 nm 电子吸收的跃迁性质。由表 3-2 和图 3-6 可知,HOMO 轨道含有 45% 的 d(Ru) 轨道成分和 41% 的硫氰酸盐配体成分,而 LUMO 轨道的 89% 是由二联吡啶配体的 π^* 轨道贡献的。因此,染料分子 4 的 826 nm 的吸收跃迁被指认为 d(Ru)→π^*(dcbpy)电荷转移(MLCT)跃迁和 NCS→π^*(dcbpy)电荷转移(LLCT)跃迁。

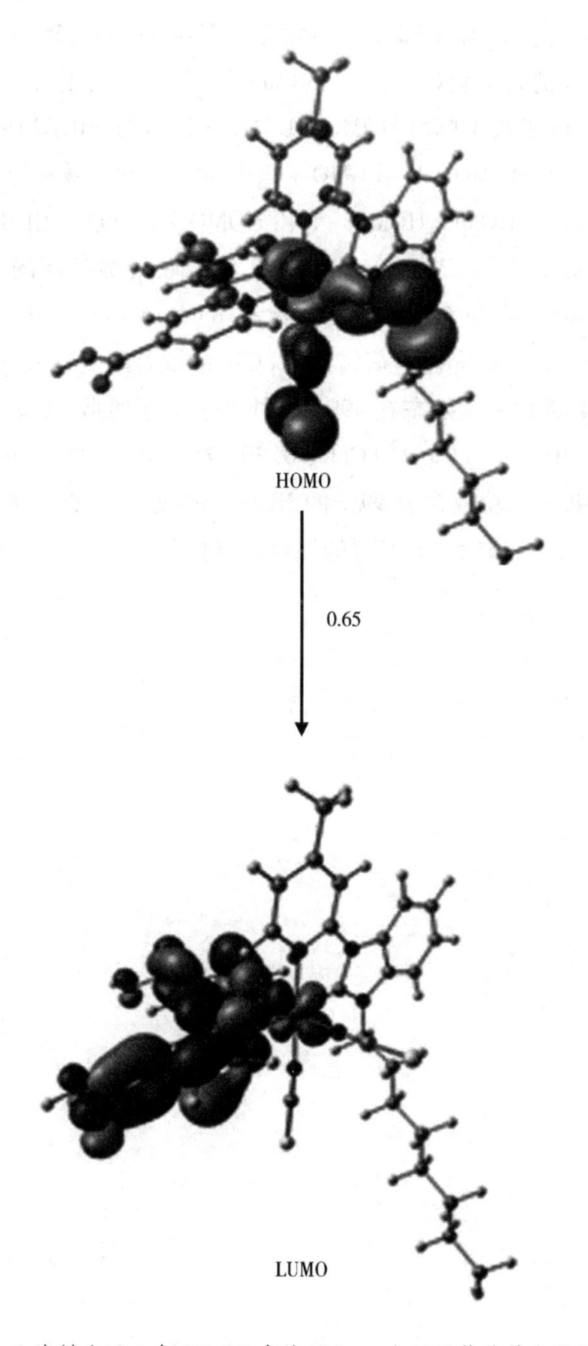

图3-6 染料分子4在CH_3CN中的826 nm电子吸收的单电子跃迁图

染料分子4的B^1A、C^1A和D^1A激发态分别在656 nm、565 nm和524nm处产生电子吸收，分别与实验观测到的630 nm和535 nm的吸收相对应。通过表3－3可知，565 nm吸收主要由HOMO→LUMO＋1（|CI|＝0.63）激发组态贡献，524 nm吸收主要由HOMO－1→LUMO＋1（|CI|＝0.69）激发组态贡献。由表3－2和图3－3可知，HOMO、HOMO－1和HOMO－2轨道均由Ru原子的d轨道和NCS配体贡献，而LUMO和LUMO＋2由二联吡啶配体的π^*轨道贡献。因此，656 nm、565 nm和524 nm吸收具有d（Ru）→π^*（dcbpy）电荷转移（MLCT）和NCS→π^*（dcbpy）电荷转移（LLCT）的混合跃迁性质。

染料分子4的E^1A激发态在499 nm处产生电子吸收，如表3－3所示，该吸收主要由HOMO－3→LUMO（|CI|＝0.70）激发组态贡献。由表3－2和图3－7可知，HOMO－3轨道含有99%的NCS配体成分，因此，499 nm吸收具有NCS→π^*（dcbpy）电荷转移（LLCT）的混合跃迁性质。

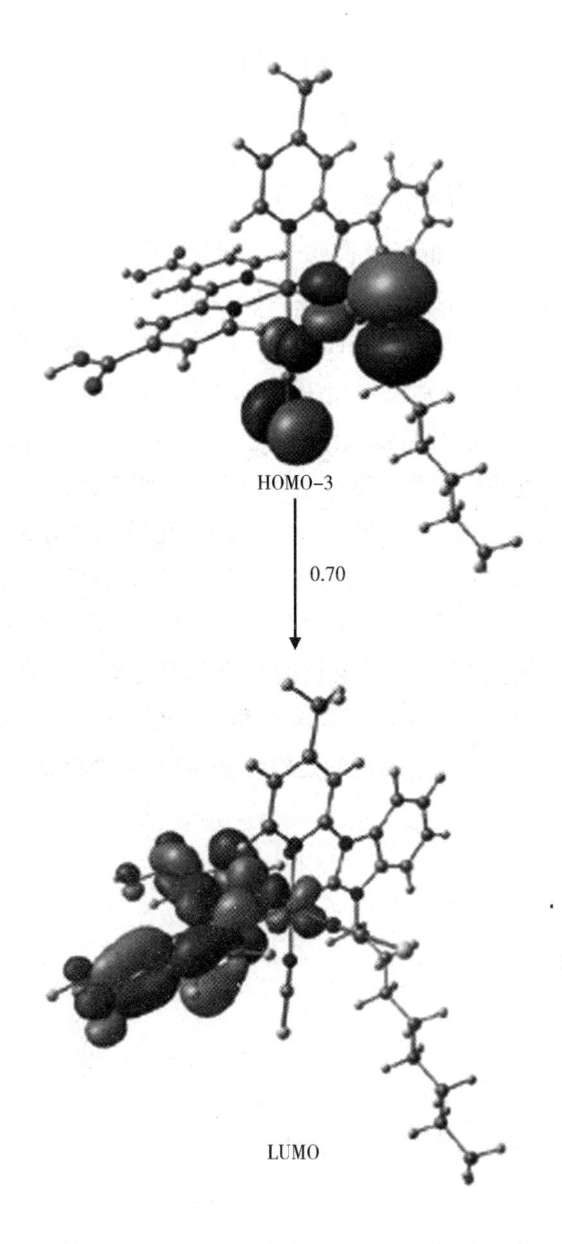

图3-7 染料分子4在CH_3CN中的499 nm电子吸收的单电子跃迁图

采用N-杂环卡宾-吡啶配体替代二联吡啶配体使染料分子1~4的跃迁性质更加丰富。染料分子4的F^1A激发态在446 nm处产生电子吸收，如表

3－3所示,该吸收主要由 HOMO→LUMO＋3(|CI|＝0.66)激发组态贡献。由表3－2 和图3－8 可知,LUMO＋3 轨道由 N－杂环卡宾－吡啶配体的 π^* 轨道所贡献,因此,446 nm 吸收具有 d(Ru)→π^*(NHC－py)电荷转移跃迁(MLCT)和 NCS→π^*(NHC－py)电荷转移跃迁(LLCT)的混合跃迁性质。由上面的讨论可以看出,染料分子 4 的低能吸收被 MLCT 和 LLCT 跃迁所控制。

如表3－3 所示,在吸收光谱的低能区($\lambda > 400$ nm),染料分子 1~3 具有与染料分子 4 相似的跃迁本质。在 CH_3CN 溶液中,计算得到的染料分子 1~4 的最低能 MLCT/LLCT 吸收分别发生在 784 nm、809 nm、825 nm 和 826 nm。从 1 到 4,染料分子的低能吸收波长依次红移,这主要是染料分子 1~4 在 N－杂环卡宾－吡啶配体上引进的取代基的给电子能力逐渐增强导致的。

值得注意的是,实验报道了染料分子 4 的敏化性能很好,利用染料分子 4 敏化的太阳能电池的效率能达到 9.69%,比在相同的条件下利用 N719 敏化的太阳能电池的效率高了大约 8%。染料分子 4 在 N－杂环卡宾－吡啶配体上引进的是辛烷基,较长的辛烷基会给染料的合成和提纯带来困难。由表 3－3 和图 3－4 可见,染料分子 3 和 4 的吸收波长和跃迁性质非常相似,而染料分子 3 在 N－杂环卡宾－吡啶配体上引进的是甲烷基,降低了染料分子合成的难度。

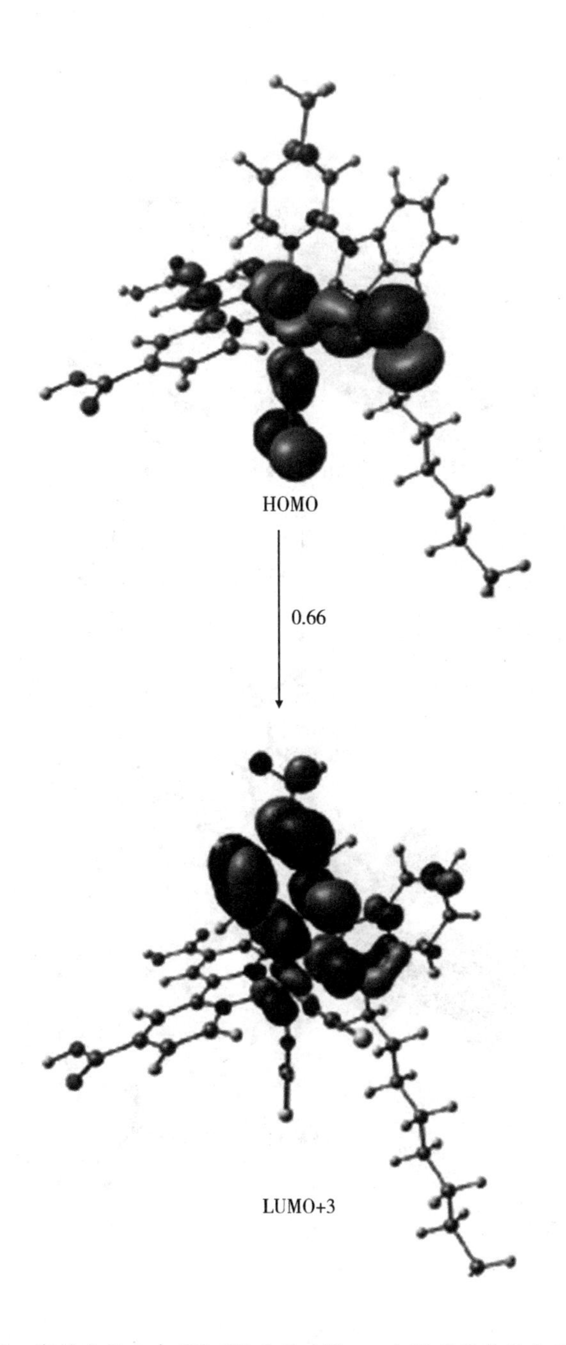

图 3－8　染料分子 4 在 CH_3CN 中的 446 nm 电子吸收的单电子跃迁图

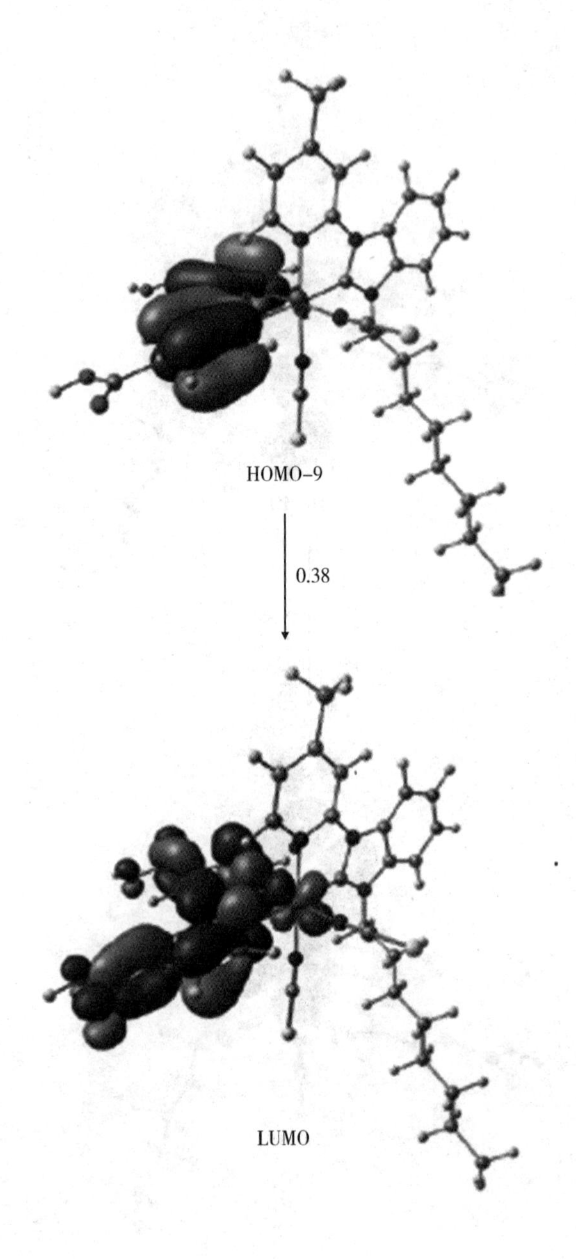
HOMO-9
0.38
LUMO

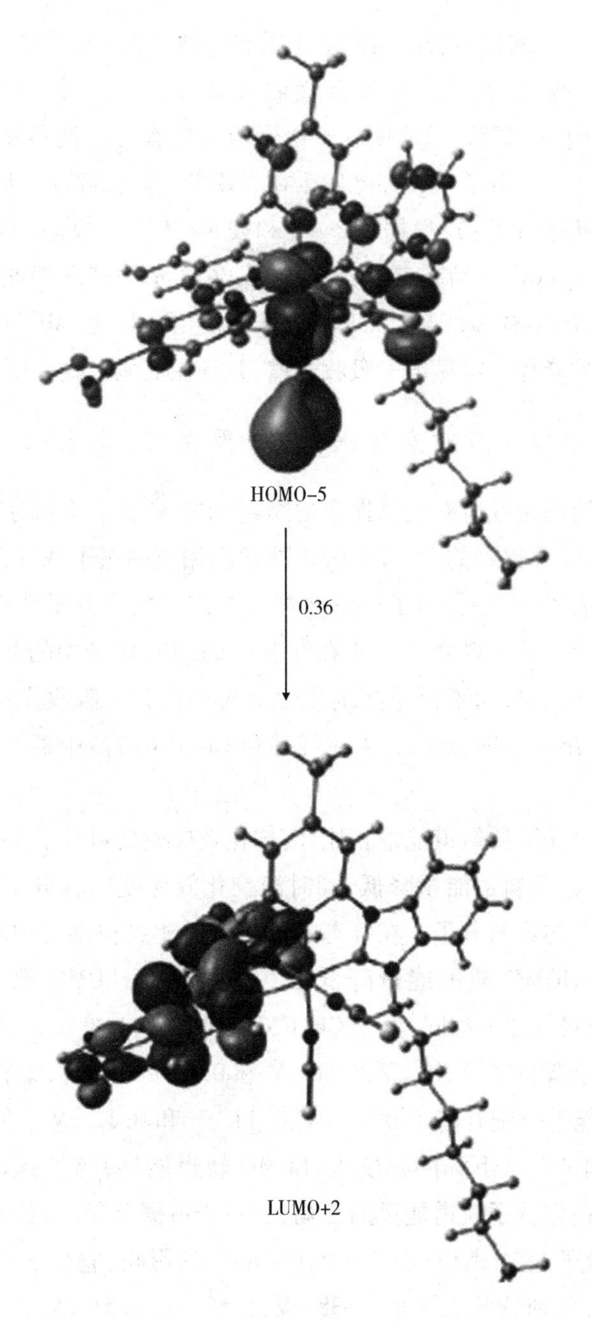

图 3－9　染料分子 4 在 CH_3CN 中的 310 nm 电子吸收的单电子跃迁图

染料分子 1~4 的最显著的高能电子吸收分别为 319 nm、318 nm、318 nm 和 280 nm,该电子吸收分别具有各自吸收光谱中最大的振子强度:0.1692,0.1398,0.1390 和 0.1282,这表明这些电子吸收最有可能被实验观测到。根据表 3-3 可知,这 4 个电子吸收都是发生在二联吡啶配体内部的从 π 成键到 π^* 反键电荷转移跃迁(ILCT),根据表 3-2 和表 3-3 中的数据,把它们指认为 π(dcbpy)→π^*(dcbpy)电荷转移跃迁。同时,在以 π→π^* 跃迁性质为主的高能电子吸收区域,还伴有 MLCT/LLCT 混合跃迁。由此可见,MLCT/LLCT 跃迁遍布整个配合物的紫外-可见电子吸收光谱,并且在低能吸收区域尤为显著。

3.3.3.2 溶剂化效应对染料分子电子吸收光谱的影响

为了研究溶剂化效应对光谱性质的影响,本章计算了染料分子 1~4 在气态中的吸收光谱,计算得到的激发态、吸收波长和相应的振子强度,以及对每个跃迁的指认列于表 3-4 中。为了讨论溶剂化效应对染料分子轨道能级的影响,在图 3-10 中给出了染料分子 1~4 在气态和 CH_3CN 溶液中的 HOMO 与 LUMO 的轨道能级图。同时,为了讨论溶剂化效应对染料分子吸收光谱的影响,在图 3-11中分别给出了染料分子 1~4 在气态和 CH_3CN 溶液中的 Gaussian 拟合吸收光谱。

与气态吸收光谱的轨道能量相比,溶剂化效应使染料分子 1~4 的占据分子轨道更加稳定,并且轨道能量降低,同时溶剂化效应使染料分子的非占据分子轨道能量升高。与染料分子 1 在气态的分子轨道能级相比,在 CH_3CN 溶液中,染料分子 1 的 HOMO 轨道能量降低了 0.70 eV,而 LUMO 轨道能量升高了 0.15 eV。与染料分子 1 相同,由于 CH_3CN 溶剂的影响,染料分子 2~4 的HOMO 轨道的能量分别降低了 0.48 eV、0.56 eV 和 0.52 eV;同时,染料分子 2~4 的 LUMO 轨道的能量分别升高了 0.19 eV、0.11 eV 和 0.12 eV。在染料分子1~4 中,HOMO 轨道的能量下降的幅度大,LUMO 轨道能量升高的幅度小。这说明溶剂化效应对占据分子轨道能量的影响大,对非占据分子轨道能量影响小。总之,对于染料分子 1~4 来说,由于 CH_3CN 溶剂的影响,它们的 HOMO-LUMO 轨道能隙变大,分别从气态中的 1.38 eV、1.53 eV、1.51 eV 和 1.54 eV,变到 CH_3CN 溶液中的 2.23 eV、2.20 eV、2.19 eV 和 2.18 eV。

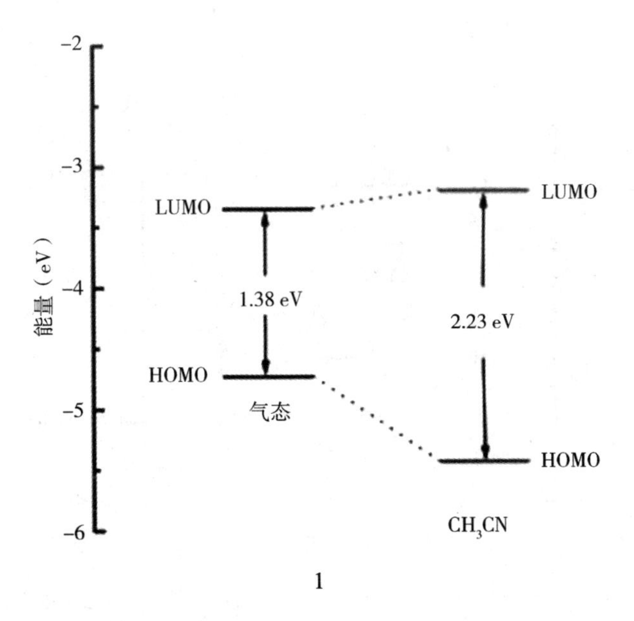
-2
-3
-4
-5
-6
能量（eV）
LUMO
1.38 eV
HOMO
气态
LUMO
2.23 eV
HOMO
CH_3CN

1

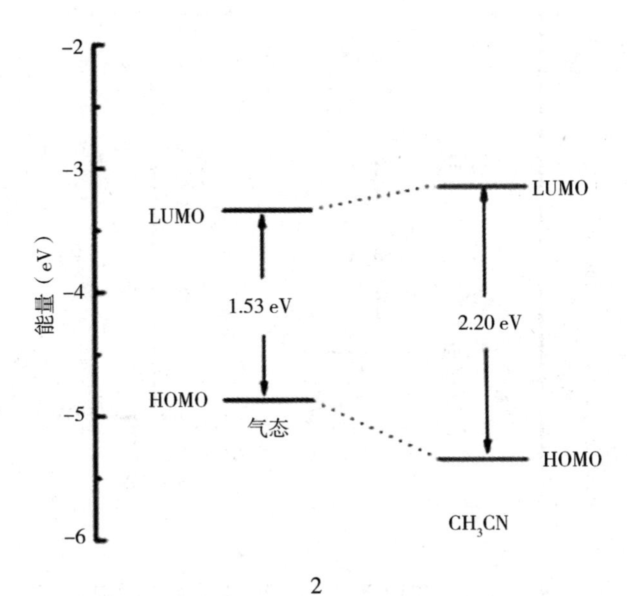
-2
-3
-4
-5
-6
能量（eV）
LUMO
1.53 eV
HOMO
气态
LUMO
2.20 eV
HOMO
CH_3CN

2

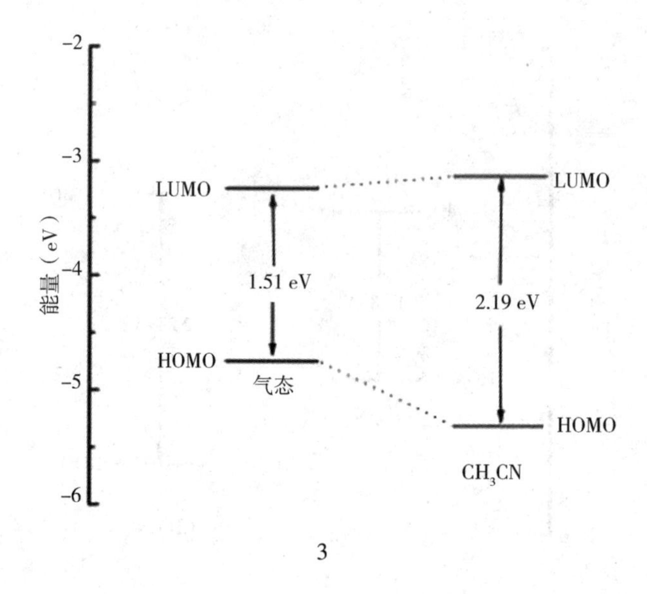

3

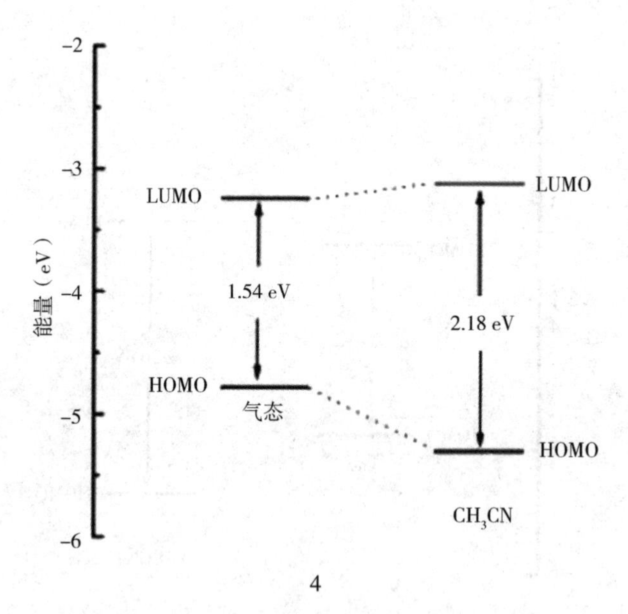

4

图 3－10 染料分子 1~4 在气态和 CH_3CN 溶液中吸收光谱的 HOMO 与 LUMO 的轨道能级图

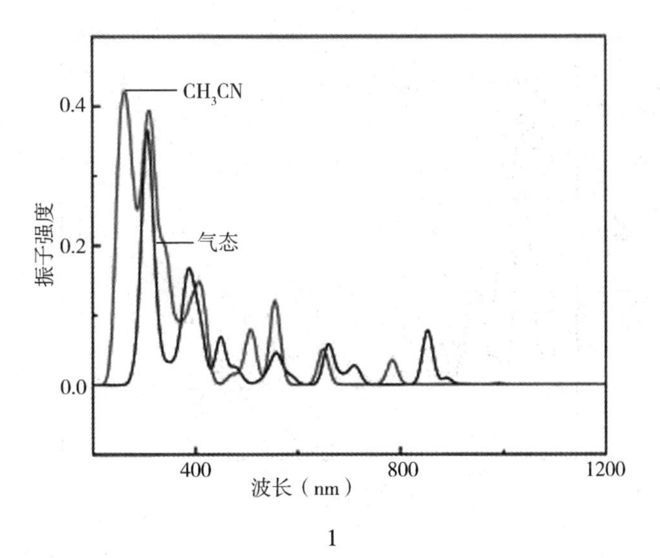
CH3CN
气态
振子强度
0.4
0.2
0.0
400
800
1200
波长（nm）

1

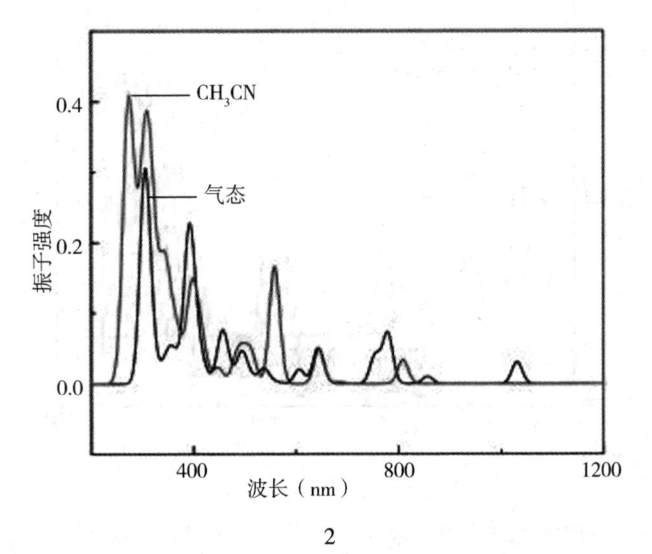
CH3CN
气态
振子强度
0.4
0.2
0.0
400
800
1200
波长（nm）

2

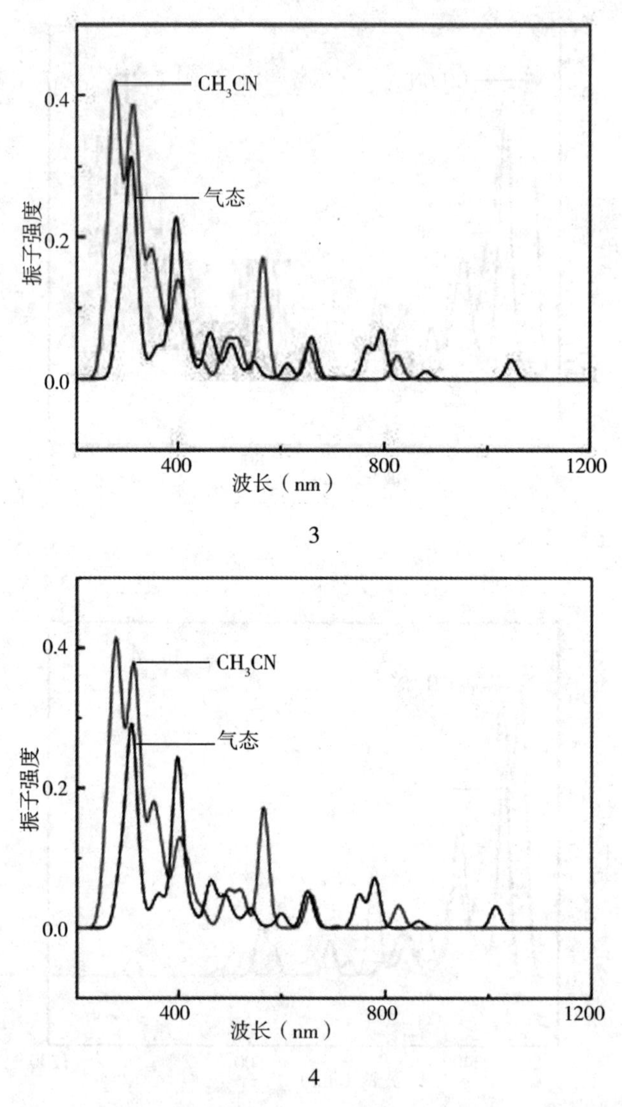

图 3－11　Gaussian 拟合的染料分子 1~4 在气态和 CH_3CN 溶液中的吸收光谱

表 3－4　染料分子 1～4 在气态中的吸收光谱

染料分子	激发态	激发组态 (|CI| coef.)	激发能/nm(eV)	振子强度	跃迁指认
1	A^1A	H－1→L(0.52)	1245(1.00)	0.0238	MLCT/LLCT
		H→L(0.45)	—	—	MLCT/LLCT
	B^1A	H－3→L(0.30)	853(1.45)	0.0777	MLCT/LLCT
		H－1→L＋1(0.24)	—	—	MLCT/LLCT
		H→L＋1(0.37)	—	—	MLCT/LLCT
	C^1A	H－3→L＋1(0.48)	660(1.88)	0.0572	MLCT/LLCT
		H－2→L＋1(0.45)	—	—	MLCT/LLCT
	D^1A	H→L＋4(0.53)	559(2.22)	0.0339	MLCT/LLCT
	E^1A	H－6→L(0.51)	450(2.75)	0.0678	MLCT/LLCT
	F^1A	H－4→L＋1(0.64)	406(3.05)	0.0714	MLCT/LLCT
	G^1A	H→L＋6(0.59)	390(3.17)	0.0342	MLCT/LLCT
	H^1A	H－4→L＋2(0.65)	387(3.20)	0.0661	MLCT/LLCT
		H－4→L＋3(0.59)	—	—	MLCT/LLCT
	I^1A	H－8→L(0.64)	307(4.04)	0.2222	π(dcbpy)→π^*(dcbpy)
2	A^1A	H－1→L(0.56)	1030(1.20)	0.0305	MLCT/LLCT
		H→L(0.37)	—	—	MLCT/LLCT
	B^1A	H→L＋1(0.50)	779(1.59)	0.0716	MLCT/LLCT
	C^1A	H－1→L＋1(0.61)	754(1.64)	0.0393	MLCT/LLCT
		H→L＋1(0.29)	—	—	MLCT/LLCT
	D^1A	H－3→L＋1(0.64)	643(1.93)	0.0499	LLCT
		H→L＋2(0.20)	—	—	MLCT/LLCT
	E^1A	H－3→L＋3(0.69)	494(2.51)	0.0416	LLCT
		H→L＋4(0.28)	—	—	MLCT/LLCT

续表

染料分子	激发态	激发组态 (|CI| coef.)	激发能/nm(eV)	振子强度	跃迁指认
2	F^1A	H－6→L(0.53)	456(2.72)	0.0629	MLCT/LLCT
	G^1A	H－5→L＋1(0.59)	389(3.18)	0.1396	MLCT/LLCT
	H^1A	H－11→L(0.52)	306(4.05)	0.0807	π(dcbpy)→π^*(dcbpy)
3	A^1A	H→L(0.34)	1045(1.19)	0.0273	MLCT/LLCT
		H－1→L(0.56)	—	—	MLCT/LLCT
		H→L＋1(0.20)	—	—	MLCT/LLCT
	B^1A	H－3→L(0.23)	794(1.56)	0.0681	LLCT
		H→L＋1(0.49)	—	—	MLCT/LLCT
	C^1A	H－1→L＋1(0.60)	767(1.62)	0.0444	MLCT/LLCT
		H→L＋1(0.30)	—	—	MLCT/LLCT
	D^1A	H－3→L＋1(0.58)	658(1.88)	0.0563	LLCT
	E^1A	H→L＋3(0.63)	613(2.02)	0.0208	MLCT/LLCT
	F^1A	H－3→L＋3(0.60)	502(2.47)	0.0428	LLCT
	G^1A	H－2→L＋5(0.66)	408(3.04)	0.0458	MLCT/LLCT
	H^1A	H－6→L＋1(0.36)	394(3.15)	0.1716	MLCT/LLCT
		H－5→L＋1(0.43)	—	—	MLCT/LLCT
	I^1A	H－9→L(0.50)	306(4.05)	0.1068	π(dcbpy)→π^*(dcbpy)
4	A^1A	H→L(0.56)	1013(1.22)	0.0313	MLCT/LLCT
		H－1→L(0.33)	—	—	MLCT/LLCT
	B^1A	H→L＋1(0.60)	780(1.59)	0.0708	MLCT/LLCT
	C^1A	H→L＋1(0.59)	749(1.65)	0.0475)	MLCT/LLCT
		H→L＋1(0.30)	—	—	MLCT/LLCT
	D^1A	H－3→L＋1(0.54)	650(1.91)	0.0489	LLCT

续表

染料分子	激发态	激发组态（|CI| coef.）	激发能/nm(eV)	振子强度	跃迁指认
4	E^1A	H－3→L＋3(0.65)	490(2.53)	0.0409	LLCT
	F^1A	H－6→L(0.53)	461(2.69)	0.0532	MLCT/LLCT
		H－5→L＋1(0.20)	—	—	MLCT/LLCT
		H－4→L(0.22)	—	—	MLCT/LLCT
	G^1A	H－6→L＋1(0.60)	399(3.10)	0.1222	MLCT/LLCT
	H^1A	H－5→L＋3(0.26)	316(3.93)	0.0422	MLCT/LLCT
		H－4→L＋4(0.46)	310(4.00)	0.1454	MLCT/LLCT
	I^1A	H－9→L(0.36)	305(4.06)	0.0367	π(dcbpy)→π^*(dcbpy)
		H－1→L＋9(0.30)	—	—	MLCT/LLCT

由表 3－4 和图 3－11 可以看出，溶剂化效应对染料分子的电子吸收的跃迁性质没有明显的影响，但是对吸收强度和吸收波长存在显著的影响。在气态和 CH_3CN 溶液中，染料分子 1~4 电子吸收的跃迁性质都十分相似，与气态中的吸收光谱相比，染料分子 1～4 在 CH_3CN 溶液中的电子吸收波长发生蓝移，并且在低能区的长波吸收的强度略有下降。

3.3.4　染料分子敏化性能的理论研究

3.3.4.1　染料电子注入过程的驱动力

染料与半导体纳米晶颗粒界面上的电荷传输也是影响染料敏化太阳能电池性能的一个重要因素。染料激发态电子注入效率是影响太阳能电池光电转换效率的一个重要因素。联吡啶钌染料的电子注入过程本质上也是电子由离散的染料激发态能级向一系列连续的半导体电子能级的迁移过程，而染料激发态电子注入效率与将电子从染料激发态注入半导体导带的驱动力（ΔG_{inj}）有关。

染料激发态分子的氧化电位要比 TiO_2 半导体的导带能级高，才能为电子的注入过程提供有利的驱动力。当电子注入驱动力大于 0.2 eV 时，染料激发态电子注入效率接近于1。因此，为了描述染料激发态电子注入 TiO_2 半导体导带中驱动力的大小，计算了该过程的自由能变，驱动力 ΔG_{inj} 可由下面公式求得：

$$\Delta G_{inj} = E^*_{dye} - E_{CB} = E_{dye} - \lambda_{max} - E_{CB} \tag{3.1}$$

式中，E^*_{dye} 为染料激发态的氧化电位，E_{CB} 是 TiO_2 半导体的导带能级（-4.0 eV），λ_{max} 为垂直跃迁能，E_{dye} 是染料基态的氧化电位。关于 E_{dye} 的计算，考虑到溶剂化效应，在表 3－5 中列出了计算所得的染料基态氧化电位及相应的电子注入驱动力 ΔG_{inj} 。

表 3－5 染料分子 1~4 的 E_{dye} 、λ_{max} 、ΔG_{inj} 和 ΔG_{reg}

染料分子	E_{dye} /eV	λ_{max} /eV	ΔG_{inj}/eV	ΔG_{reg}/eV
1	5.21	1.58	−0.37	−0.61
2	5.10	1.53	−0.43	−0.50
3	5.05	1.50	−0.45	−0.45
4	5.05	1.50	−0.45	−0.45

由表 3－5 可见，计算得到的染料分子 1~4 最低能电子吸收激发态的 ΔG_{inj} 分别为 −0.37 eV、−0.43 eV、−0.45 eV 和 −0.45 eV，说明染料分子 1~4 最低能电子吸收都有足够的驱动力满足激发态电子的快速注入，因此，染料分子 1~4 的所有电子吸收跃迁都有足够的能量完成有效的电子注入，并且染料分子 4 的电子注入驱动力最大，说明在染料激发态电子注入半导体导带的过程中，染料分子 4 更有利于染料激发态的电子注入。

3.3.4.2 染料再生过程的驱动力

染料敏化太阳能电池的染料分子的激发态电子注入半导体的导带之后，染料分子变为氧化态，必须被电解质中氧化还原电子对还原再生。染料分子的还原再生是染料敏化太阳能电池有效运行的重要条件。染料分子的再生效率通常被定义为：氧化态染料分子被电解质还原而非被氧化态电极中的电荷复合的概率。染料分子的再生效率主要由染料的再生驱动力决定，而染料分子的再生驱动力可由下式求得：

$$\Delta G_{reg} = E_{redox} - E_{dye} \tag{3.2}$$

式中，E_{dye} 为染料基态氧化电位，E_{redox} 为 I^- / I_3^- 的氧化还原电位（－4.6 eV）。计算得到的染料分子1～4的再生驱动力列于表3－5中，由表中数据可知，染料分子1的再生驱动力最大（－0.61 eV），因此，染料分子1具有更高的染料再生效率。

3.4 本章小结

利用DFT和TDDFT方法，结合SCRF中的PCM模型模拟溶剂化效应，系统地研究了染料分子1~4的几何结构、电子结构和光谱性质，并讨论电子注入效率和染料再生效率等影响染料性能的理论参数，得到以下结论：

通过对染料分子1~4的前线分子轨道结构的分析，发现它们的HOMO轨道都是由Ru原子的d轨道和NCS配体贡献的，而LUMO轨道则定域在带羧基的二联吡啶配体的 π^* 轨道上。NCS配体对HOMO轨道的贡献和羧基取代基对LUMO轨道的贡献，在DSSC的染料再生过程和激发态电荷注入过程中起着重要的作用。染料分子1~4的HOMO和LUMO轨道能级分别与 TiO_2 半导体的导带能级以及电解质中的碘化物的氧化还原电位相匹配。因此，染料分子1～4的前线分子轨道结构及轨道的能量都满足作为染料敏化太阳能电池光敏剂的要求。

在 CH_3CN 溶液中，计算得到的染料分子1～4的最低能吸收分别发生在784 nm、809 nm、825 nm和826 nm处，具有良好的光吸收性能，并且随着N－杂环卡宾－吡啶配体上引进的取代基的给电子能力逐渐增强，染料分子的最低能吸收波长规律性红移，该吸收具有d（Ru）→π^*（dcbpy）电荷转移（MLCT）跃迁和NCS→π^*（dcbpy）电荷转移（LLCT）跃迁。

染料分子3和染料分子4具有几乎相同的吸收波长和跃迁性质。染料分子3在N－杂环卡宾－吡啶配体上引进甲基代替染料分子4中的辛烷基，降低了染料合成的难度，因此，我们认为染料分子3有作为高效的染料分子潜在的应用价值。

计算结果还表明,染料分子 1 ~ 4 具有足够的驱动力满足激发态电子的快速注入。

第4章　去硫氰酸盐配体环金属三联吡啶钌结构和光谱性质的理论研究

4.1　新型去硫氰酸盐配体环金属三联吡啶钌光敏染料的设计

由于N749染料引进了三联吡啶配体，增大了共轭体系，使它的吸收谱带扩展到整个可见光范围近红外区920 nm处，因此N749染料成为明星染料。但是N749的缺点是有3个硫氰酸盐配体（NCS）：一方面硫氰酸盐配体会影响染料分子的稳定性，因为硫氰酸盐配体和金属Ru之间形成的配位键很弱，会导致光敏染料在工作中发生显著的分子分解现象；另一方面，含硫氰酸盐配体的光敏染料分解后的含氮产物会造成环境污染。由于硫氰酸盐配体会影响光敏染料的稳定性，因此，近年来，国内外的研究人员尝试利用多齿配体代替硫氰酸盐配体，合成了系列环金属联吡啶钌配合物，但是这些染料在长波区（波长超过800 nm）的光吸收性能不理想。最近，研究表明N－杂环卡宾－吡啶配体是一类特殊的给电子基团，它具有独特的电子性质，因此，本章期望N－杂环卡宾－吡啶配体可以成为优秀的辅助配体。

基于以上背景，本章以N749染料为母体，以三联吡啶配体作为附着配体，利用两齿的N－杂环卡宾－吡啶配体替代两个NCS配体，设计一系列同时含有三齿配体和两齿配体的去硫氰酸盐配体环金属联吡啶钌染料分子1~4（见图4－1）。从材料设计的角度考虑，结构决定性能。在染料敏化太阳能电池中，染料分子的结构会影响到光的捕获效率、电子注入、染料再生和电子复合等电子转移过程，从而影响DSSC的光电转换性能。近年来，量子化学方法已成为揭示染料分子结构与性能间关系的可靠的研究手段,为快速筛选高效染料分子提供了可靠的理论依据。因此,本书利用 DFT 和 TDDFT 理论计算了染料分子 1~4 及母体分子 N749 的几何结构、电子结构和光谱性质,并讨论了电子注入效率和染料再生效率等影响染料性能的理论参数,以期为今后设计合成新型高效光敏染料提供一定的理论指导。

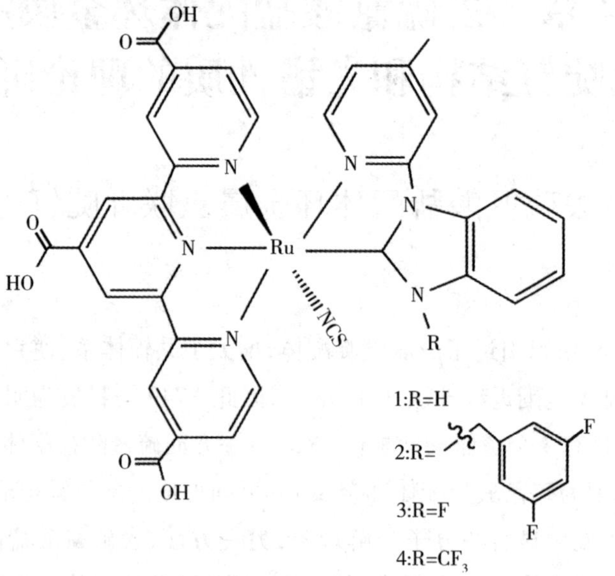

1:R=H
2:R=
3:R=F
4:R=CF_3

图 4-1 染料分子 1~4 的结构示意图

4.2 计算方法

本章采用密度泛函理论中的 B3LYP 泛函优化了去硫氰酸盐配体环金属联吡啶钌染料分子 1~4 的基态几何结构。为验证计算得到的几何构型是局域最小值,在相同水平下进行了频率计算,计算结果表明无虚频存在。以上述计算为基础,采用含时密度泛函理论,结合自洽反应场方法中的极化连续介质模型来模拟溶剂化效应,得到了染料分子在 CH_3CN 溶液中的激发态电子结构和电子吸收光谱。考虑到溶剂化的影响,采用 ROB3LYP 泛函结合 PCM 模型在优化的几何结构基础上进行单点能计算,得到去硫氰酸盐配体环金属联吡啶钌染料分子 1~4 的基态氧化电位。

计算中采用 LanL2DZ 基组，对 Ru 和 S 原子使用 Hay 和 Wadt 提出的准相对论赝势，Ru 原子使用 16 个价电子，S 使用 6 个价电子。因此，计算中使用的基组为：Ru(8s7p6d/6s5p3d)，S(3s3p1d/2s2p1d)，F(10s5p/3s2p)，O(10s5p/3s2p)，N(10s5p/3s2p)，C(10s5p/3s2p) 和 H(4s/2s)。所有计算均使用 Gaussian 09程序完成。

4.3　结果与讨论

4.3.1　去硫氰酸盐配体环金属三联吡啶钌的几何结构

用 B3LYP 方法优化了去硫氰酸盐配体环金属钌染料分子 1~4 及其母体分子 N749 的基态稳定结构，计算结果表明染料 1~4 均具有^1A 基态，而 N749 具有$^1A'$基态，计算得到的主要几何参数列于表 4 - 1 中，同时给出了 X 射线衍射测得的配合物 $(NBu_4^+)^2[Ru(H_2tcterpy)(NCS)_3]^{2-}$ 的晶体结构数据，并在图 4 - 2中给出了染料分子 1~4 及 N749 的几何结构图。由于缺乏 1~4 的几何参数的实验数据，因此利用母体分子 N749 的实验数据和计算值进行对比。如表 4 - 1所示，计算得到的 N749 的几何参数和实验数据吻合得很好，说明本书采取的计算方法是可靠的。如图 4 - 2 所示，染料分子 1~4 具有相似的几何构型，由于 Ru(Ⅱ)原子采用低自旋的 $4d^6\ 5s^0$ 电子组态，因此，染料分子 1~4 均具有以 RuN_5C 为中心的扭曲的八面体构型。由表 4 - 1 可知，三齿配体上的配位角 N1—Ru—N3在 157° ~162°之间，偏离正八面体中的 180°，二齿配体 N - 杂环卡宾 - 吡啶配体上的配位角 N5—Ru—C1 在 77°左右，也偏离标准的 90°，由此也可证明染料分子 1~4 的基态几何是扭曲的八面体。计算得到的染料分子 1~4 的主要几何参数很相似，其中三联吡啶配体的 Ru—N2 键长比 Ru—N1 键长短 0.075 ~0.082 Å，这是由于中间的吡啶环直接与具有强 σ 给体的 N - 杂环卡宾配体贯穿连接，而其他的两个吡啶环没有受到这种作用的影响。另外，三联吡啶环的 N—C 键长为 1.358 ~1.389 Å，比 N—C 单键的键长短了约 0.100 Å，是吡啶环内 N 原子的孤对电子离域的结果。

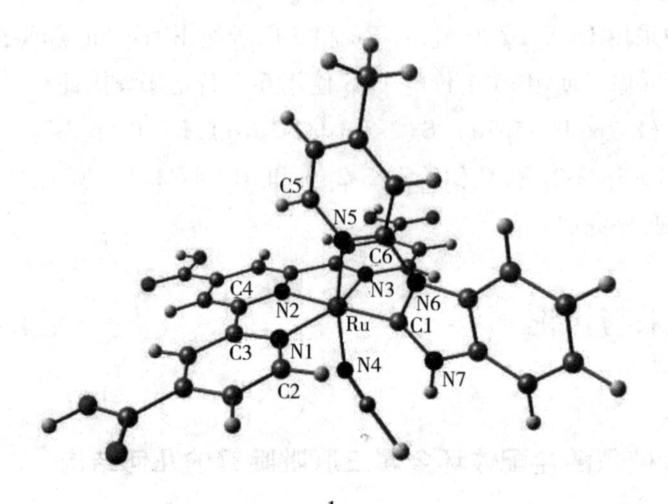

1

2

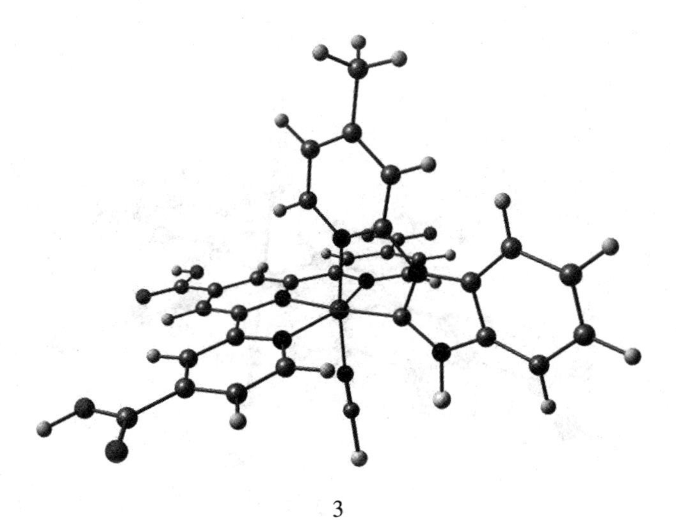

3

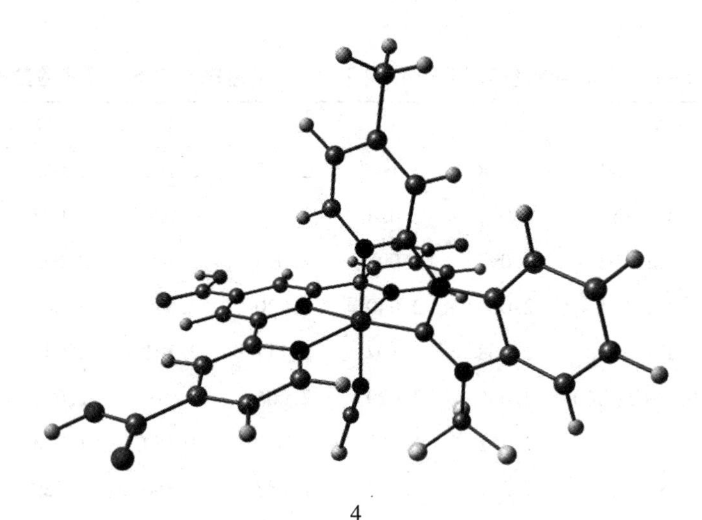

4

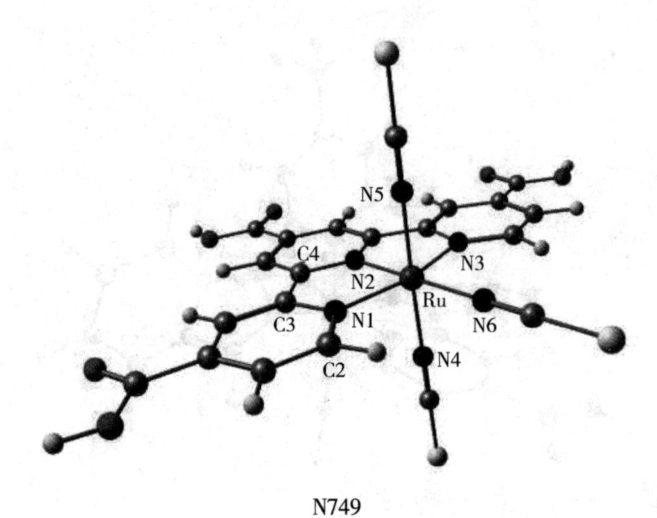

N749

图 4-2 染料分子 1~4 和 N749 的几何结构图

表 4-1 计算得到的染料分子 1~4 和 N749 的基态几何参数及实验数据

几何参数		1	2	3	4	N749	实验数据
键长/Å	Ru—N1	2.098	2.106	2.099	2.101	2.062	2.090
	Ru—N2	2.022	2.024	2.018	2.026	1.937	1.936
	Ru—N3	2.097	2.095	2.098	2.100	2.062	—
	Ru—N4	2.066	2.040	2.030	2.040	2.040	2.032
	Ru—N5	2.108	2.102	2.117	2.101	2.040	—
	Ru—C1(N6)	2.006	2.029	2.006	2.019	2.073	2.052
	N1—C2	1.361	1.360	1.360	1.359	1.358	—
	N1—C3	1.387	1.387	1.387	1.386	1.389	—
	N2—C4	1.367	1.365	1.367	1.364	1.379	—
	N5—C5	1.363	1.363	1.364	1.364	—	—
	N5—C6	1.375	1.371	1.372	1.369	—	—
键角/(°)	N1—Ru—N2	78.8	78.7	78.9	78.8	80.5	81.1
	N3—Ru—N2	78.8	78.8	78.8	78.7	80.5	—
	N1—Ru—N3	157.5	157.6	157.6	157.4	161.1	161.6
	N5—Ru—C1	77.6	77.9	77.2	77.6	—	—

4.3.2 去硫氰酸盐配体环金属三联吡啶钌的电子结构

4.3.2.1 前线分子轨道性质分析

分子轨道性质决定配合物的电子激发和跃迁的性质，所以详细研讨前线分子轨道的性质是非常重要的。表 4－2 中列出了染料分子 3 在 CH_3CN 溶液中的部分前线分子轨道的成分，在表 4－3 中列出了染料分子 1、染料分子 2、染料分子 4 和 N749 在 CH_3CN 溶液中的部分前线分子轨道成分。图 4－3 为染料分子 3 在 CH_3CN 溶液中的前线分子轨道电子云图。

表 4－2　染料分子 3 在 CH_3CN 溶液中电子吸收跃迁所涉及的分子轨道的组成

分子轨道	能量/eV	组成/%				轨道性质
		Ru	tcterpy	NHC－py	NCS	
LUMO＋7	－1.35	1	0	98	0	π^*(NHC－py)
LUMO＋4	－2.12	8	2	91	1	π^*(NHC－py)
LUMO＋3	－2.57	1	99	1	0	π^*(tcterpy)
LUMO＋2	－2.81	1	99	0	0	π^*(tcterpy)
LUMO＋1	－3.09	5	94	0	0	π^*(tcterpy)
LUMO	－3.53	7	92	0	1	π^*(tcterpy)
HOMO－LUMO 能级						
HOMO	－5.84	32	5	4	58	d(Ru)－π^*(NCS)
HOMO－1	－5.90	24	6	1	68	d(Ru)－π^*(NCS)
HOMO－2	－6.56	55	7	38	1	d(Ru)－π^*(NHC－py)
HOMO－3	－6.87	36	13	9	41	d(Ru)－π^*(NCS)
HOMO－4	－7.10	48	15	2	35	d(Ru)－π^*(NCS)
HOMO－5	－7.25	3	3	95	1	π(NHC－py)
HOMO－6	－7.70	2	95	1	1	π(tcterpy)

续表

分子轨道	能量/eV	组成/%				轨道性质
		Ru	tcterpy	NHC - py	NCS	
HOMO - LUMO 能级						
HOMO - 7	-7.87	18	4	76	1	π(NHC - py)
HOMO - 8	-8.18	0	0	100	0	π(NHC - py)
HOMO - 9	-8.50	2	96	0	1	π(tcterpy)
HOMO - 10	-8.59	1	89	10	0	p(COOH)

表 4-3 染料分子 1、2、4 和 N749 在 CH_3CN 溶液中电子吸收跃迁所涉及的分子轨道的组成

染料分子	分子轨道	能量/eV	组成/%				轨道性质
			Ru	tcterpy	NHC - py	NCS	
1	LUMO + 7	-1.16	2	0	98	0	π^*(NHC - py)
	LUMO + 4	-1.97	6	2	92	1	π^*(NHC - py)
	LUMO + 3	-2.53	1	98	1	0	π^*(tcterpy)
	LUMO + 2	-2.70	1	99	0	0	π^*(tcterpy)
	LUMO + 1	-3.04	5	95	0	0	π^*(tcterpy)
	LUMO	-3.46	8	91	0	1	π^*(tcterpy)
HOMO - LUMO 能级							
	HOMO	-5.91	44	7	5	42	d(Ru) - π^*(NCS)
	HOMO - 1	-6.10	41	12	2	45	d(Ru) - π^*(NCS)
	HOMO - 2	-6.38	53	7	40	2	d(Ru) - π^*(NHC - py)
	HOMO - 3	-6.87	21	8	20	49	d(Ru) - π^*(NCS)
	HOMO - 4	-7.09	7	3	83	7	π(NHC - py)
	HOMO - 5	-7.13	32	10	4	55	d(Ru) - π^*(NCS)
	HOMO - 6	-7.61	18	17	64	0	d(Ru) - π^*(NHC - py)

续表

染料分子	分子轨道	能量/eV	组成/%				轨道性质
			Ru	tcterpy	NHC - py	NCS	
			HOMO - LUMO 能级				
1	HOMO - 7	-7.66	6	83	10	2	π(tcterpy)
	HOMO - 8	-8.04	0	0	100	0	π(NHC - py)
	HOMO - 9	-8.45	2	96	0	1	π(tcterpy)
	HOMO - 10	-8.54	4	12	85	0	π(NHC - py)
2	LUMO—4	-2.01	6	1	92	1	π*(NHC - py)
	LUMO—3	-2.56	1	98	1	0	π*(NHC - py)
	LUMO—2	-2.79	1	99	0	0	π*(tcterpy)
	LUMO—1	-3.06	5	93	0	0	π*(tcterpy)
	LUMO	-3.50	7	92	0	1	π*(tcterpy)
			HOMO - LUMO 能级				
	HOMO	-5.85	39	7	4	49	d(Ru) - π*(NCS)
	HOMO - 1	-5.99	31	6	1	61	d(Ru) - π*(NCS)
	HOMO - 2	-6.39	53	5	38	3	d(Ru) - π*(NHC - py)
	HOMO - 3	-6.85	29	10	14	46	d(Ru) - π*(NCS)
	HOMO - 4	-7.02	43	14	5	39	d(Ru) - π*(NCS)
	HOMO - 5	-7.07	6	3	88	4	π(NHC - py)
	HOMO - 6	-7.53	2	2	96	0	π(NHC - py)
	HOMO - 7	-7.63	16	5	78	0	d(Ru) - π(NHC - py)
	HOMO - 8	-7.68	2	90	5	1	π(tcterpy)
	HOMO - 9	-7.76	2	3	96	1	π(NHC - py)
	HOMO - 10	-8.06	0	0	99	0	π(NHC - py)
4	LUMO + 4	-2.29	10	2	87	1	π*(NHC - py)

续表

染料分子	分子轨道	能量/eV	组成/%				轨道性质
			Ru	tcterpy	NHC - py	NCS	
4	LUMO + 3	-2.60	0	97	2	0	π^* (NHC - py)
	LUMO + 2	-2.83	1	99	0	0	π^* (tcterpy)
	LUMO + 1	-3.10	5	94	1	0	π^* (tcterpy)
	LUMO	-3.57	6	92	1	1	π^* (tcterpy)
	HOMO - LUMO 能级						
	HOMO	-5.87	31	5	3	60	d(Ru) - π^* (NCS)
	HOMO - 1	-5.96	23	3	1	71	d(Ru) - π^* (NCS)
	HOMO - 2	-6.62	51	7	39	3	d(Ru) - π^* (NHC - py)
	HOMO - 3	-6.89	40	13	7	37	d(Ru) - π^* (NCS)
	HOMO - 4	-7.13	51	15	3	31	d(Ru) - π^* (NCS)
	HOMO - 5	-7.41	4	3	94	0	π(NHC - py)
	HOMO - 6	-7.72	2	94	2	1	π(tcterpy)
	HOMO - 7	-7.88	17	4	77	0	d(Ru) - π(NHC - py)
	HOMO - 8	-8.19	0	0	100	0	π(NHC - py)
	HOMO - 9	-8.52	2	96	0	1	π(tcterpy)
	HOMO - 10	-8.60	0	99	0	0	P(COOH)
N749	LUMO + 4	-1.44	1	99	—	0	π^* (tcterpy)
	LUMO + 3	-2.19	1	99	—	0	π^* (tcterpy)
	LUMO + 2	-2.49	3	96	—	1	π^* (tcterpy)
	LUMO + 1	-2.63	8	91	—	1	π^* (tcterpy)
	LUMO	-2.99	13	82	—	5	π^* (tcterpy)
	HOMO - LUMO 能级						
	HOMO	-4.61	21	21	—	58	d(Ru) - π^* (NCS)

续表

染料分子	分子轨道	能量/eV	组成/%				轨道性质
			Ru	tcterpy	NHC - py	NCS	
	HOMO - 1	-4.62	25	7	—	68	d(Ru) - π^*(NCS)
	HOMO - 2	-4.80	23	10	—	67	d(Ru) - π^*(NCS)
	HOMO - 3	-4.94	0	1	—	99	π^*(NCS)
	HOMO - 4	-5.11	0	2	—	98	π^*(NCS)
	HOMO - 5	-5.11	1	4	—	95	π^*(NCS)
	HOMO - 6	-6.20	56	20	—	24	d(Ru) - π^*(NCS)
	HOMO - 7	-6.22	59	24	—	17	d(Ru) - π^*(NCS)
	HOMO - 8	-6.29	49	19	—	32	d(Ru) - π^*(NCS)
	HOMO - 9	-7.26	2	97	—	1	π(tcterpy)

对于染料分子 1~4,分子轨道的组成是相似的,因此,以染料分子 3 为例进行分析。如图4 - 3 和表4 - 2 所示,在染料分子3 中,较高能量的占据分子轨道主要有 5 种类型:HOMO、HOMO - 1、HOMO - 3 和 HOMO - 4 轨道是由 Ru 原子的 d 轨道和 NCS 配体的 π 轨道组成的反键形式的轨道。较高能量的占据分子轨道具有显著的硫氰酸盐配体(NCS)特征,在 N3 和 N749 染料的理论研究中已经发现了类似的性质,并且这个特征对氧化态染料分子的再生起着重要的作用。由于引进了 N - 杂环卡宾 - 吡啶配体替代两个 NCS 配体,因此丰富了染料的分子轨道性质。HOMO - 2 轨道由 Ru 原子的 d 轨道和 N - 杂环卡宾 - 吡啶配体的 π^* 轨道组成。HOMO - 5、HOMO - 7 和 HOMO - 8 轨道由 N - 杂环卡宾 - 吡啶配体的 π 轨道贡献。HOMO - 6 和 HOMO - 9 轨道是定域在三联吡啶配体上的 π 轨道。HOMO - 10 轨道主要定域在 COOH 配体上,并且金属成分几乎完全消失。

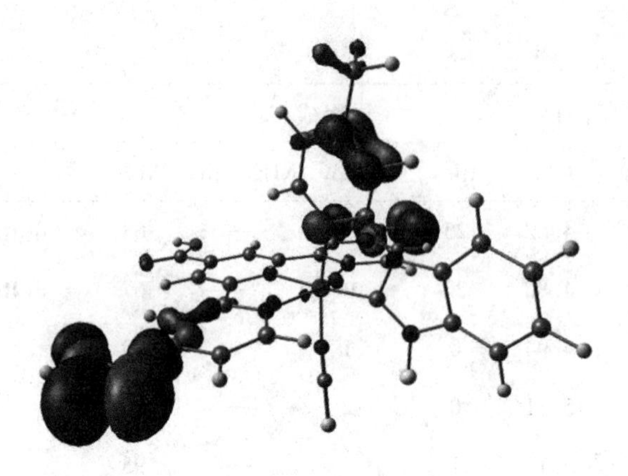

HOMO－10

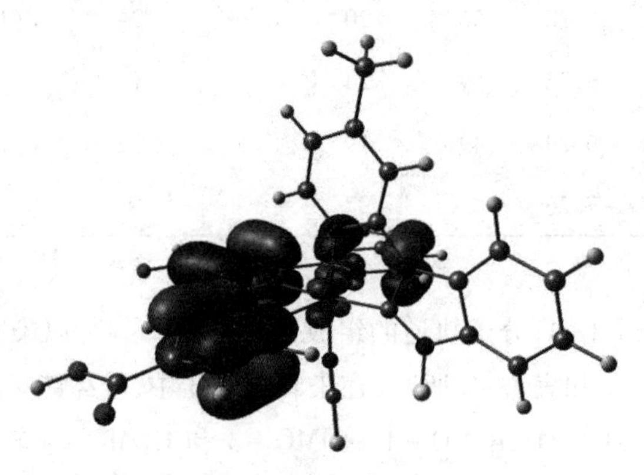

HOMO－6

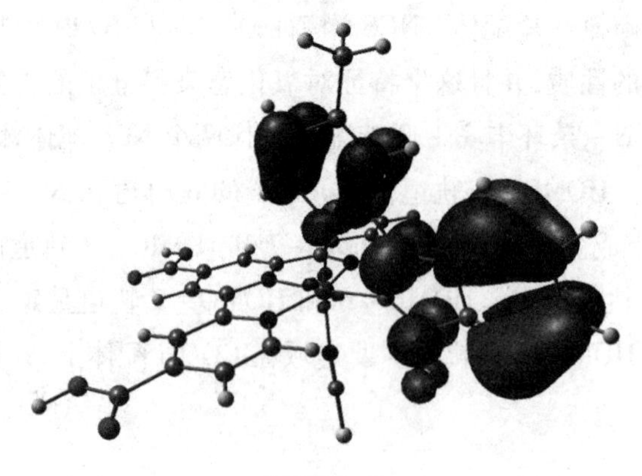

HOMO－5

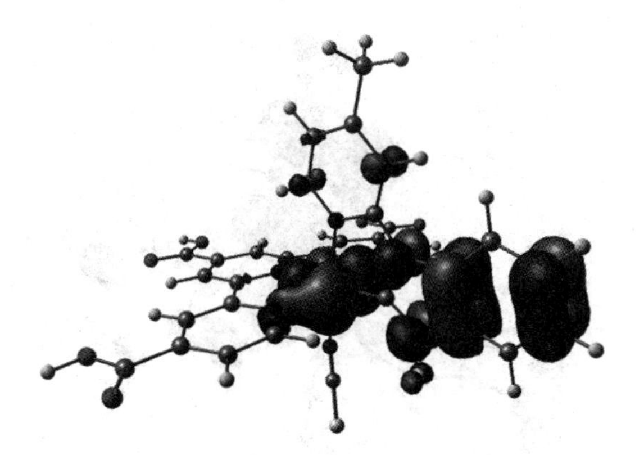

HOMO－2

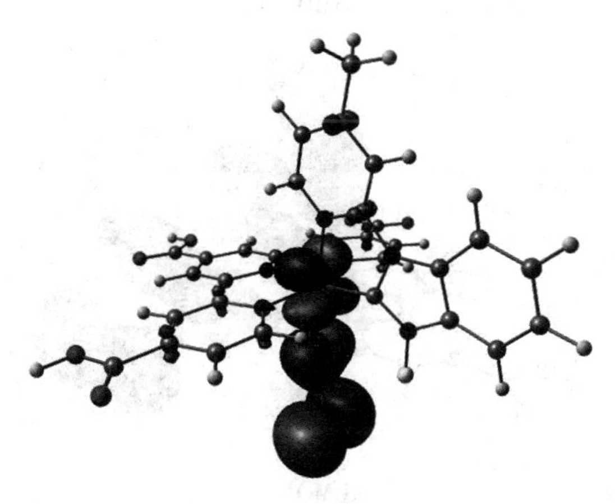

HOMO

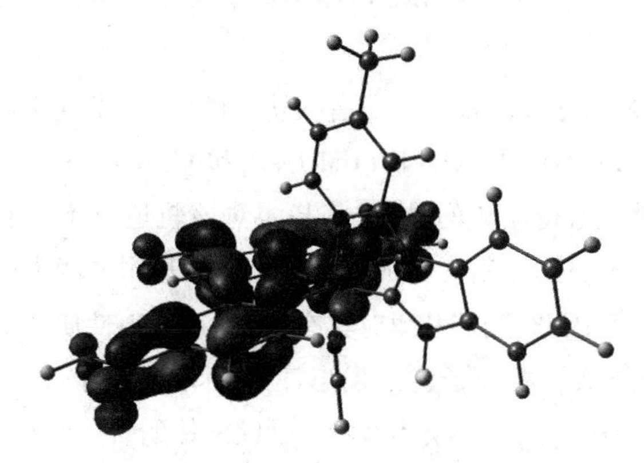

LUMO

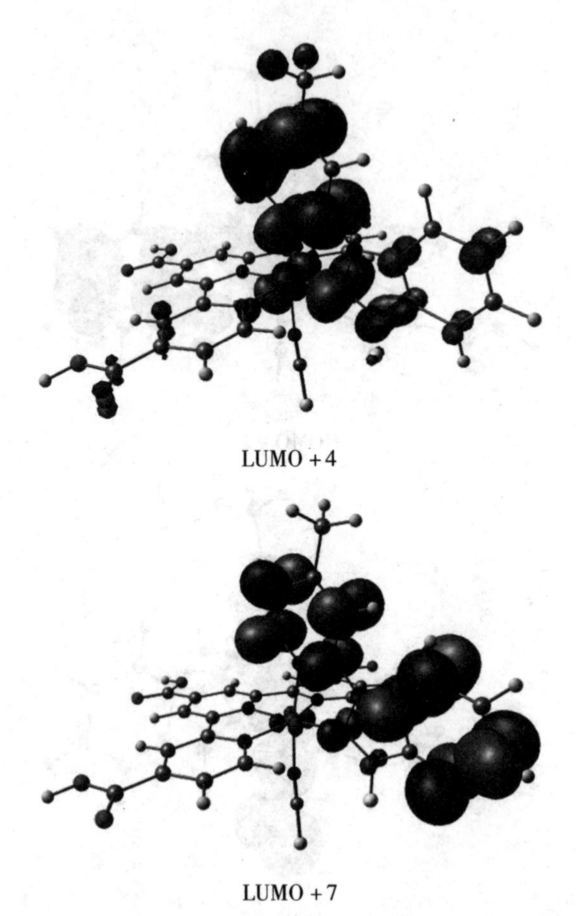

LUMO +4

LUMO +7

图4-3 染料分子3在CH_3CN溶液中的部分前线分子轨道电子云图

通过分析染料分子3的前5个非占据轨道的成分,发现它们主要有两种类型。第一种类型:LUMO、LUMO+1、LUMO+2和LUMO+3由三联吡啶配体的π^*反键轨道贡献。值得注意的是,羧基基团对该轨道有不可忽视的贡献。在染料敏化太阳能电池中,染料光敏剂只有通过羧基基团才能牢固地吸附在TiO_2薄膜半导体的表面,因此,羧基基团对具有π^*反键轨道性质的LUMO轨道的贡献有利于光生电子从染料分子的激发态注入半导体的导带上。第二种类型:LUMO+4和LUMO+7由N-杂环卡宾-吡啶配体的π^*轨道贡献。

4.3.2.2 前线分子轨道能级分析

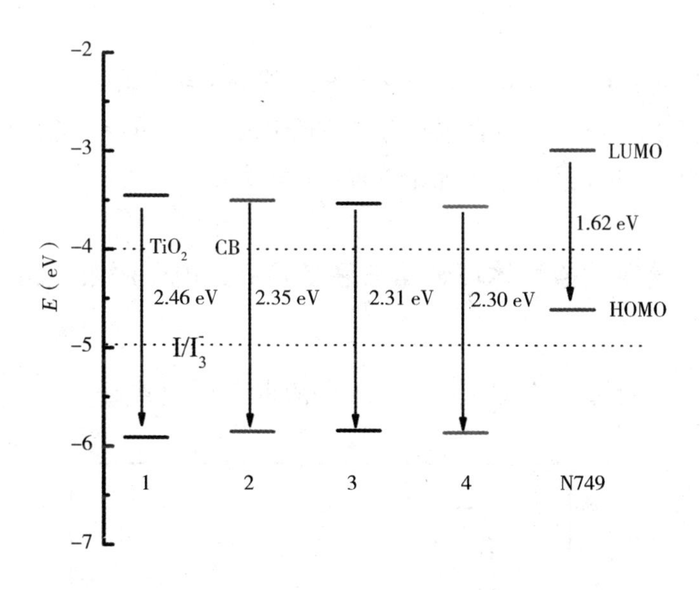

图4-4 染料分子1~4在CH_3CN溶液中的HOMO和LUMO分子轨道能级图

光敏染料的前线分子轨道能级要与TiO_2半导体的导带能级和电解质中的氧化还原电对(I^-/I_3^-)的氧化还原电位相匹配。由表4-2、表4-3和图4-4可知，染料分子1~4的LUMO能量都要高于TiO_2半导体的导带能级(-4.0 eV)，因此，染料分子1~4都可以将光激发第一单重态中的电子直接注入半导体的导带中。同时，染料分子1~4的HOMO轨道能量也要低于氧化还原电对(I^-/I_3^-)的还原电位(-4.6 eV)，这有利于失去电子的氧化态染料分子得到电子再生。

值得注意的是，与母体分子N749的HOMO和LUMO轨道能量(分别为-4.61 eV和-2.99 eV)相比，采用N-杂环卡宾-吡啶配体替代两个NCS配体导致染料分子1~4的HOMO和LUMO轨道能量降低。由于N-杂环卡宾-吡啶配体的引入对HOMO轨道的影响更大，因此，HOMO轨道能量下降的幅度大于LUMO轨道能量下降的幅度，从而导致染料分子1~4的HOMO-LUMO能隙(2.46 eV、2.35 eV、2.31 eV、2.29 eV)均大于它们的母体分子HOMO-LUMO能隙(1.62 eV)。同时，与母体分子N749相比，染料分子1~4的HOMO

轨道能量与电解质中的氧化还原电对（ I^-/I_3^- ）的氧化还原电位更加匹配，此系列染料分子有希望在氧化态染料分子的再生过程中表现出比 N749 更好的性能。

对染料分子 1 ~ 4 在 CH_3CN 溶液中的前线分子轨道结构和分子轨道能级的分析表明，染料分子 1 ~ 4 的前线分子轨道组成及 HOMO 和 LUMO 轨道的能量满足作为染料敏化太阳能电池光敏剂的前提要求。

4.3.3 去硫氰酸盐配体环金属三联吡啶钌的电子吸收光谱

4.3.3.1 染料分子在 CH_3CN 溶液中的电子吸收光谱

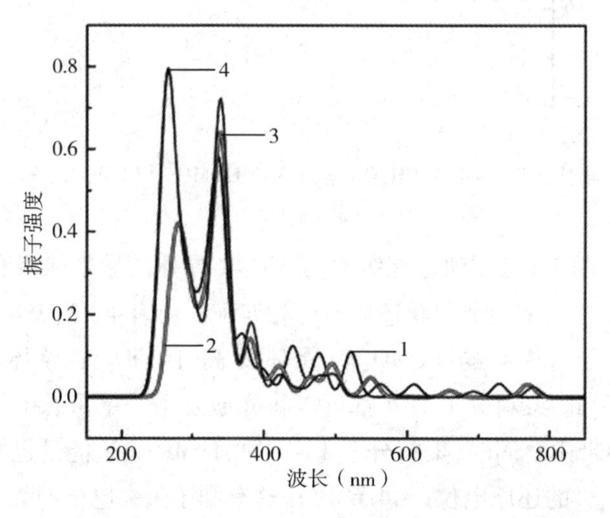

图 4 - 5 Gaussian 拟合的染料分子 1 ~ 4 在 CH_3CN 溶液中的吸收光谱

以基态结构为基础，采用 TDDFT 方法，结合自洽反应场方法（ SCRF ）中的 PCM 模型来模拟溶剂化环境，计算得到了染料分子 1~4 和母体分子 N749 在 CH_3CN 溶液中的电子吸收光谱。通过计算得到的激发态、电子吸收波长、相应的振子强度，以及对每个电子跃迁的指认均列于表 4 - 4 中，并给出了母体分子 N749 的吸收光谱的实验数据。如表 4 - 4 所示，母体分子 N749 的吸收光谱的计算值和实验数据比较吻合，而且计算数据提供了更为丰富且详细的有关吸收跃迁性质的信息。因此，当前选取的计算方案可靠，能准确计算出染料分子 1 ~4 的电子吸收性质。在图 4 -5 中给出了染料分子 1 ~4 在 CH_3CN 溶液中计算得到的所有激发态并用 Gaussian 函数拟合的吸收光谱。

表 4 -4　染料分子 1 ~4 和 N749 在 CH_3CN 溶液中的吸收光谱

染料分子	激发态	激发组态 (|CI|coef.)	激发能/nm(eV)	振子强度	跃迁指认	实验数据
1	A^1A	H→L(0.69)	729(1.70)	0.0329	MLCT/LLCT	—
	B^1A	H -1→L(0.61)	610(2.03)	0.0310	MLCT/LLCT	—
	C^1A	H -2→L(0.69)	585(2.12)	0.0028	MLCT/LLCT	—
	D^1A	H -1→L +1(0.65)	521(2.38)	0.0665	MLCT/LLCT	—
	E^1A	H→L +2(0.68)	477(2.60)	0.1015	MLCT/LLCT	—
	F^1A	H -3→L +1(0.63)	370(3.35)	0.1452	MLCT/LLCT	—
	G^1A	H -6→L(0.54)	336(3.69)	0.4367	π(tcterpy)→π*(tcterpy)	—
		H -3→L +2(0.39)	—	—	MLCT/LLCT	—
	H^1A	H -4→L +4(0.45)	266(4.66)	0.3790	π(NHC - py)→π*(NHC - py)	—
		H -2→L +7(0.28)	—	—	MLCT/LLCT	—
2	A^1A	H→L(0.69)	769(1.61)	0.0309	MLCT/LLCT	—
	B^1A	H -1→L(0.66)	660(1.88)	0.0156	MLCT/LLCT	—
	C^1A	H -2→L(0.69)	594(2.09)	0.0017	MLCT/LLCT	—
	D^1A	H -1→L +1(0.69)	546(2.27)	0.0326	MLCT/LLCT	—
	E^1A	H→L +2(0.69)	495(2.50)	0.0803	MLCT/LLCT	—
	F^1A	H -3→L +1(0.59)	380(3.26)	0.1104	MLCT/LLCT	—
	G^1A	H -8→L(0.52)	339(3.66)	0.2986	π(tcterpy)→π*(tcterpy)	—

续表

染料分子	激发态	激发组态（|CI|coef.）	激发能/nm(eV)	振子强度	跃迁指认	实验数据
2	H^1A	H−5→L+4(0.52)	280(4.43)	0.0955	π(NHC−py)→π*(NHC−py)	—
3	A^1A	H→L(0.69)	773(1.60)	0.0259	MLCT/LLCT	—
	B^1A	H−1→L(0.68)	683(1.82)	0.0259	MLCT/LLCT	—
	C^1A	H−1→L+1(0.70)	565(2.20)	0.0266	MLCT/LLCT	—
	D^1A	H−2→L(0.69)	557(2.23)	0.0018	MLCT/LLCT	—
	E^1A	H→L+2(0.69)	480(2.58)	0.0342	MLCT/LLCT	—
	F^1A	H−3→L+1(0.61)	378(3.28)	0.1665	MLCT/LLCT	—
	G^1A	H−6→L(0.59)	340(3.65)	0.4973	π(tcterpy)→π*(tcterpy)	—
		H−3→L+2(0.31)	—	—	MLCT/LLCT	—
	H^1A	H−5→L+4(0.52)	277(4.48)	0.3485	π(NHC−py)→π*(NHC−py)	—
		H−2→L+7(0.37)	—	—	MLCT	—
4	A^1A	H→L(0.70)	777(1.60)	0.0243	MLCT/LLCT	—
	B^1A	H−1→L(0.69)	693(1.79)	0.0136	MLCT/LLCT	—
	C^1A	H→L+1(0.67)	564(2.20)	0.0165	MLCT/LLCT	—
	D^1A	H→L+2(0.69)	498(2.49)	0.0511	MLCT/LLCT	—
	E^1A	H−3→L+1(0.61)	382(3.24)	0.1711	MLCT/LLCT	—
	F^1A	H−6→L(0.59)	340(3.64)	0.5049	π(tcterpy)→π*(tcterpy)	—
	G^1A	H−5→L+4(0.58)	275(4.50)	0.0790	π(NHC−py)→π*(NHC−py)	—
N749	A^1A'	H→L+1(0.65)	859(1.44)	0.0409	MLCT/LLCT	—

续表

染料分子	激发态	激发组态(|CI|coef.)	激发能/nm(eV)	振子强度	跃迁指认	实验数据
	B^1A'	H→L+2(0.57)	686(1.80)	0.1182	MLCT/LLCT	625
	C^1A''	H-6→L(0.66)	513(2.42)	0.0516	MLCT/LLCT	556
	D^1A'	H-6→L+2(0.64)	393(3.16)	0.1586	MLCT/LLCT	429
	E^1A'	H-9→L(0.64)	334(3.72)	0.2683	π(tcterpy)→π*(tcterpy)	330

如表 4-4 和图 4-5 所示，染料分子 1~4 的电子吸收光谱具有相似的电荷转移跃迁性质，去硫氰酸盐配体环金属三联吡啶钌光敏染料的电子吸收光谱的低能电子吸收主要具有 MLCT/LLCT 混合跃迁性质，高能电子吸收由发生在配体内部的 π→π* 跃迁控制，同时伴有部分 MLCT/LLCT 混合跃迁。因此，以染料分子 3 为例详细分析它们的激发态性质和电子吸收光谱性质。染料分子 3 在CH_3CN 溶液中，计算得到的最低能电子吸收发生在 773 nm 处，吸收振子强度为 0.0259。在电子激发态中，拥有最大的|CI|波函数组合的 HOMO→LUMO (0.69)激发组态能够决定 773 nm 电子吸收的跃迁性质。由表 4-2 和图 4-6 可以看出，HOMO 轨道含有 32% 的 d(Ru)轨道成分和 58% 的 NCS 配体成分，而 LUMO 轨道具有三联吡啶配体的 π* 轨道性质，并且，羧基基团对 LUMO 轨道做出了不可忽视的贡献。因此，染料分子 3 的 773 nm 的电子吸收跃迁被指认为 d(Ru)→π*(tcterpy)电荷转移(MLCT)和 NCS→π*(tcterpy)电荷转移(LLCT)混合跃迁。

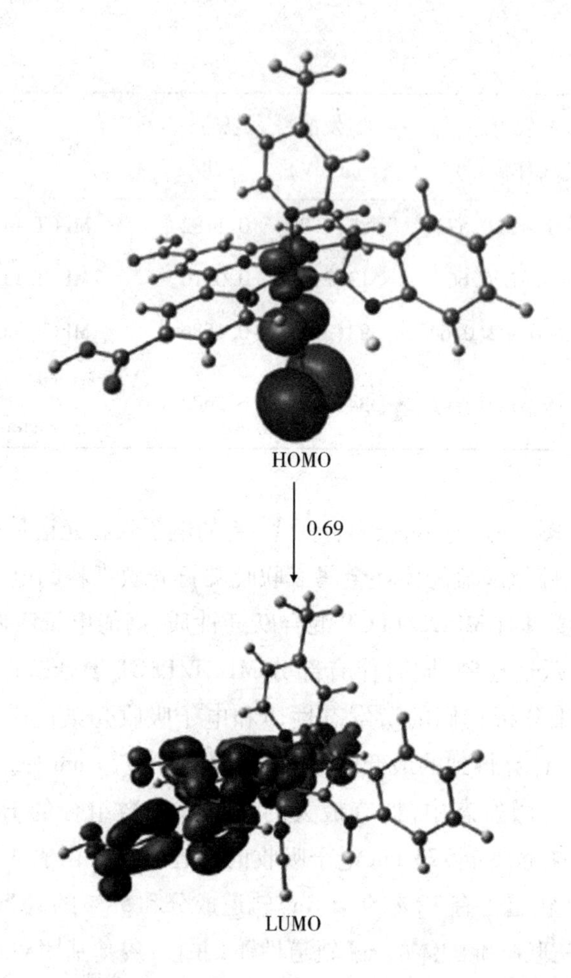

图 4-6 染料分子 3 在 CH_3CN 中的 773 nm 电子吸收的单电子跃迁图

采用 N-杂环卡宾-吡啶配体替代两个 NCS 配体可使染料分子 1~4 的跃迁性质更丰富。染料分子 3 的 D^1A 激发态在 557 nm 处产生电子吸收,如表 4-4 和图 4-7 所示,该吸收主要由 HOMO-2→LUMO($|CI|=0.69$)激发组态贡献。由表 4-2 可知,HOMO-2 轨道含有 55% 的 d(Ru) 贡献和 38% 的 N-杂环卡宾-吡啶配体 π 轨道贡献,因此,557 nm 吸收具有 d(Ru)→π^*(tcterpy)电荷转移(MLCT)和 NHC-py→π^*(tcterpy)电荷转移(LLCT)的混合跃迁性质。

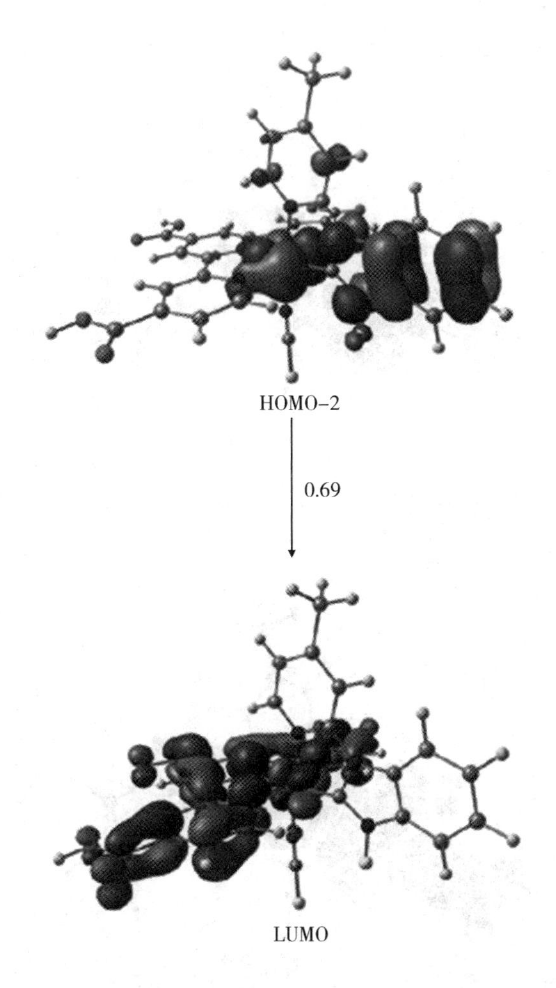

图4-7　染料分子3在CH_3CN中的557 nm电子吸收的单电子跃迁图

值得注意的是，在CH_3CN溶液中，计算得到的去硫氰酸盐配体环金属三联吡啶钌染料分子1~4的最低能MLCT/LLCT吸收分别为729 nm、769 nm、773 nm和777 nm。由此可知，利用N-杂环卡宾-吡啶配体替代N749的两个NCS配体所设计的新型染料分子1~4，不仅满足了减少染料分子中NCS配体个数的需要，同时还显示出良好的光吸收性能。其中，染料分子4的光吸收性能更为显著，因此，我们期待染料分子4有作为高效的光敏染料的应用前景。

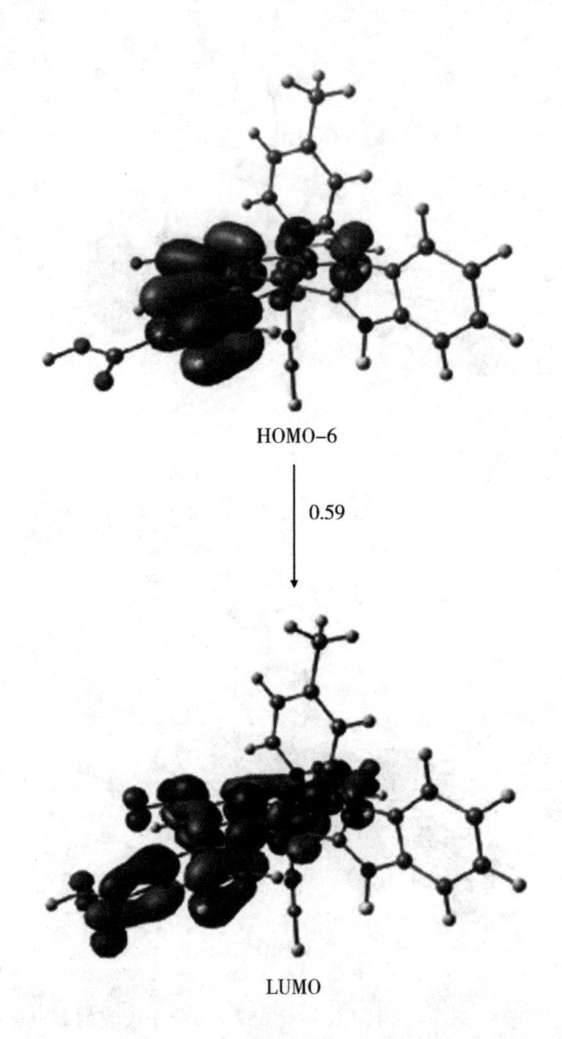
HOMO-6
0.59
LUMO

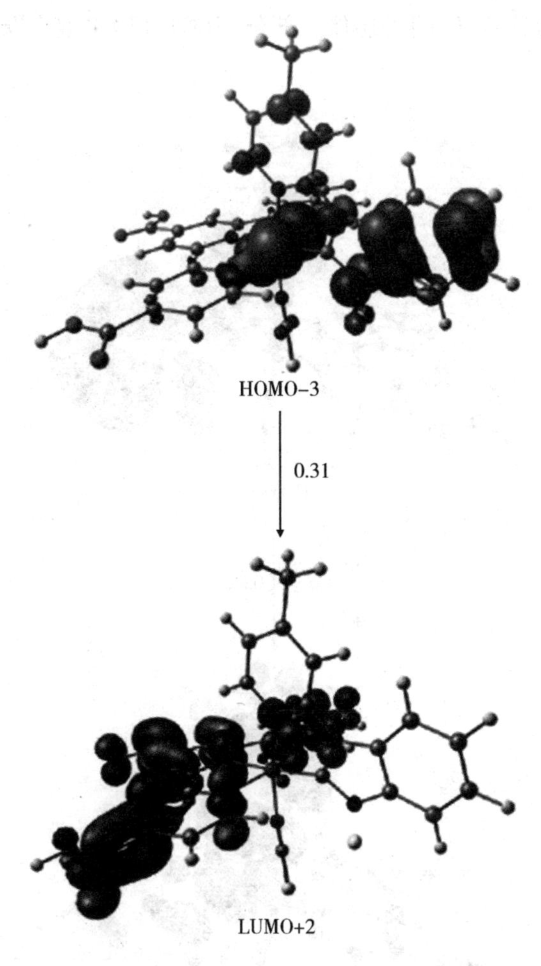

图 4 - 8　染料分子 3 在 CH_3CN 中的 340 nm 电子吸收的单电子跃迁图

由表 4 - 4 可知，染料分子 3 在 CH_3CN 溶液中有两个比较显著的高能电子吸收，分别发生在 340 nm 和 277 nm，并且它们的振子强度很大，分别为 0.4973 和 0.3485，表明该电子吸收最可能被观测到。340 nm 电子吸收主要来自于 HOMO - 6→LUMO（$|CI| = 0.59$）和 HOMO - 3→LUMO + 2（$|CI| = 0.31$）激发组态的共同贡献。由表 4 - 2 和图 4 - 8 可知，HOMO - 6 轨道拥有三联吡啶的 π 轨道性质，HOMO - 3 轨道含有 41% 的 NCS 配体成分和 36% 的 d(Ru) 轨道贡献，而 LUMO 和 LUMO + 2 轨道中，三联吡啶配体内 π^* 反键轨道起主导作用。因此，我们指认 340 nm 电子吸收为定域在三联吡啶配体内的 π(tcterpy)→π^*

(tcterpy)电荷转移跃迁,同时还伴有部分 MLCT/LLCT 混合跃迁。

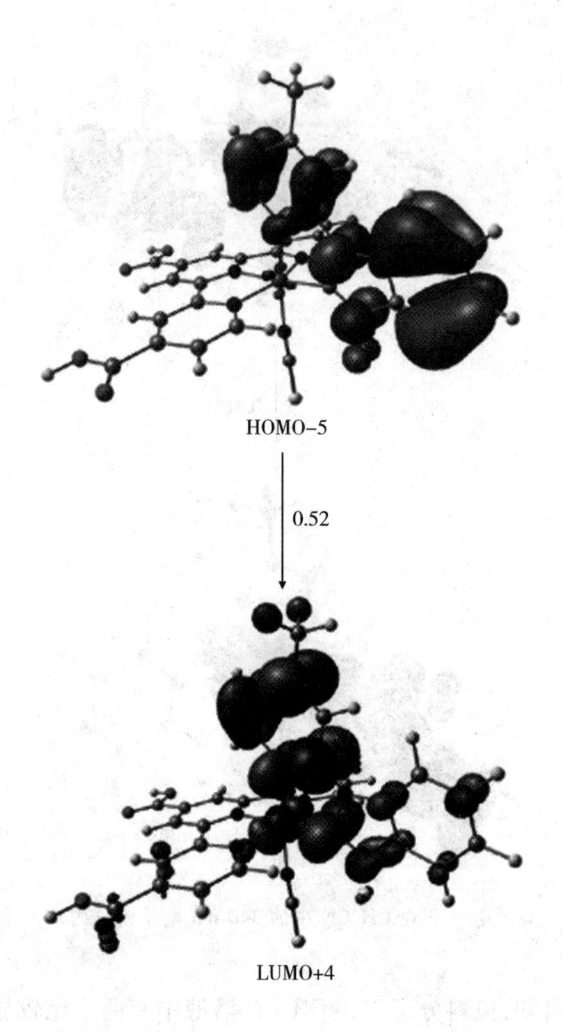

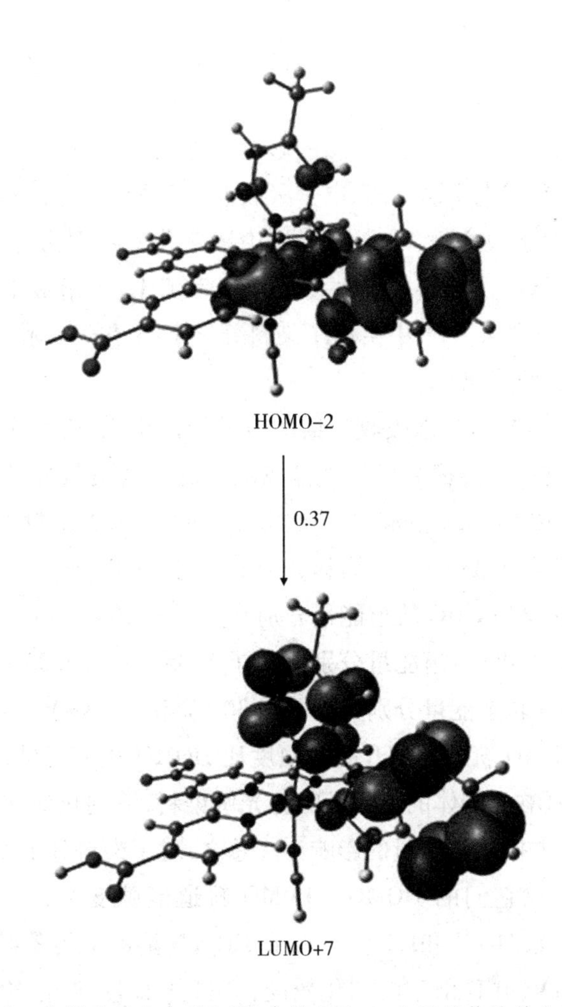

图4-9　染料分子3在CH_3CN中的277 nm电子吸收的单电子跃迁图

277 nm处的电子吸收由HOMO-5→LUMO+4(|CI|=0.52)和HOMO-2→LUMO+7(|CI|=0.37)激发组态共同贡献。由表4-2和图4-9可知，HOMO-5轨道拥有NHC-吡啶配体的π轨道性质，HOMO-2轨道含有38%的NHC-吡啶配体的π轨道成分和55%的d(Ru)轨道成分，而LUMO+4和LUMO+7轨道由NHC-吡啶配体的π^*轨道所贡献。所以，277 nm电子吸收被指认为定域在NHC-吡啶配体内的$\pi\to\pi^*$跃迁，同时还伴有少量的MLCT跃迁。

4.3.3.2 溶剂化效应对染料分子电子吸收光谱的影响

为了研究溶剂化效应对光谱性质的影响,计算了染料分子1~4在气态中的吸收光谱,计算得到的电子激发态、电子吸收波长和相应的振子强度,以及对每个跃迁的指认均列于表4-5中。为了讨论溶剂化效应对分子轨道能级的影响,在图4-10中给出了染料分子1~4在气态和CH_3CN溶液中的吸收光谱的轨道能级图,同时在图4-11中给出了染料分子1~4在气态和CH_3CN溶液中的Gaussian拟合吸收光谱。

由图4-10可知,与气态吸收光谱的轨道能量相比,溶剂化效应使染料分子的占据分子轨道和非占据分子轨道能量均升高。与染料分子1在气态的分子轨道能级相比,在CH_3CN溶液中,染料分子1的HOMO和LUMO轨道能量分别升高了1.77 eV和2.38 eV。与染料分子1相同,由于CH_3CN溶剂的影响,染料分子2的HOMO和LUMO轨道能量分别升高了1.56 eV和2.38 eV,染料分子3的HOMO和LUMO轨道能量分别升高了1.35 eV和2.35 eV,染料分子4的HOMO和LUMO轨道能量分别升高了1.30 eV和2.38 eV。可以看出,在染料分子1~4中,LUMO轨道能量升高的幅度比HOMO轨道能量升高的幅度大。这说明对于去硫氰酸盐配体的三联吡啶钌光敏染料,溶剂化效应对非占据轨道能量的影响大,对占据轨道能量的影响小。总之,对于染料分子1~4来说,CH_3CN溶剂的影响导致它们的HOMO-LUMO轨道能隙变大,分别从气态中的1.84 eV、1.53 eV、1.31 eV和1.22 eV,变到CH_3CN溶液中的2.45 eV、2.35 eV、2.31 eV和2.30 eV,并且由于溶剂化效应,染料分子1~4的HOMO和LUMO轨道能量与TiO_2半导体导带能级和电解质中的氧化还原电对的氧化还原电势相匹配。

表 4-5　染料分子 1~4 在气态中的吸收光谱

染料分子	激发态	激发组态 (|CI| coef.)	激发能/nm(eV)	振子强度	跃迁指认
1	A^1A	H-1→L(0.61)	797(1.55)	0.0180	MLCT/LLCT
		H→L+1(0.35)	—	—	MLCT/LLCT
	B^1A	H-1→L(0.35)	705(1.76)	0.0296	MLCT/LLCT
		H→L+1(0.61)	—	—	MLCT/LLCT
	C^1A	H-1→L+1(0.69)	660(1.88)	0.0190	MLCT/LLCT
	D^1A	H→L+2(0.68)	596(2.08)	0.0181	MLCT/LLCT
	E^1A	H-3→L(0.67)	533(2.33)	0.0359	MLCT/LLCT
	F^1A	H→L+4(0.67)	492(2.52)	0.0295	MLCT/LLCT
	G^1A	H-3→L+1(0.47)	407(3.05)	0.0905	MLCT/LLCT
		H-4→L (0.30)	—	—	MLCT/LLCT
	H^1A	H-7→L (0.64)	329(3.77)	0.3083	π(tcterpy)→π^*(tcterpy)
	I^1A	H-5→L+6(0.32)	268(4.62)	0.1844	π(NHC-py)→π^*(NHC-py)
		H-2→L+7(0.44)	—	—	MLCT/ILCT
2	A^1A	H→L+1(0.69)	867(1.43)	0.0063	MLCT/LLCT
	B^1A	H→L+2(0.70)	696(1.78)	0.0137	MLCT/LLCT
	C^1A	H-1→L+2(0.70)	668(1.86)	0.0045	MLCT/LLCT
	D^1A	H→L+4(0.68)	540(2.30)	0.0384	MLCT/LLCT
	E^1A	H-4→L(0.36)	470(2.64)	0.0145	MLCT/LLCT
		H-3→L+1(0.38)	—	—	MLCT/LLCT
		H-2→L+1(0.44)	—	—	MLCT/LLCT
	F^1A	H-3→L+1(0.50)	417(2.97)	0.0885	MLCT/LLCT
	G^1A	H-9→L(0.63)	332(3.74)	0.2845	π(tcterpy)→π^*(tcterpy)

续表

染料分子	激发态	激发组态 (|CI| coef.)	激发能/nm(eV)	振子强度	跃迁指认
2	H^1A	H－7→L＋4(0.33)	271(4.58)	0.3089	π(NHC－py)→π*(NHC－py)
		H－2→L＋7(0.44)	—	—	MLCT/ILCT
3	A^1A	H→L＋2(0.70)	783(1.58)	0.0108	MLCT/LLCT
	B^1A	H→L＋4(0.69)	640(1.94)	0.0388	MLCT/LLCT
	C^1A	H－2→L(0.70)	560(2.21)	0.0200	MLCT/LLCT
	D^1A	H→L＋5(0.69)	520(2.38)	0.0167	MLCT/LLCT
	E^1A	H－4→L(0.55)	473(2.62)	0.0170	MLCT/LLCT
		H－2→L＋1(0.42)	—	—	MLCT/LLCT
	F^1A	H－4→L(0.31)	410(3.03)	0.1181	MLCT/LLCT
		H－3→L＋1(0.39) (0.31)H－3→L＋1	—	—	MLCT/LLCT
		H－2→L＋1(0.35)	—	—	MLCT/LLCT
	G^1A	H－6→L(0.65)	331(3.75)	0.3221	π(tcterpy)→π*(tcterpy)
	H^1A	H－6→L＋1(0.35)	286(4.33)	0.0877	π(tcterpy)→π*(tcterpy)
		H－5→L＋4(0.23)	—	—	π(NHC－py)→π*(NHC－py)
		H－4→L＋6(0.33)	—	—	MLCT/LLCT
4	A^1A	H→L＋2(0.71)	830(1.49)	0.0081	MLCT/LLCT
	B^1A	H→L＋3(0.70)	759(1.63)	0.0058	MLCT/LLCT
	C^1A	H→L＋4(0.68)	704(1.76)	0.0274	MLCT/LLCT
	D^1A	H－2→L(0.70)	571(2.17)	0.0234	MLCT/LLCT
	E^1A	H－1→L＋5(0.36)	538(2.30)	0.0148	MLCT/LLCT

续表

染料分子	激发态	激发组态（|CI| coef.）	激发能/nm(eV)	振子强度	跃迁指认
		H→L+5(0.60)	—	—	MLCT/LLCT
4	F^1A	H−4→L(0.56)	480(2.58)	0.0149	MLCT/LLCT
		H−2→L+1(0.41)	—	—	MLCT/LLCT
	G^1A	H−3→L+1(0.49)	415(2.98)	0.0807	MLCT/LLCT
		H−2→L+1(0.33)	—	—	MLCT/LLCT
	H^1A	H−6→L(0.64)	332(3.73)	0.3210	π(tcterpy)→π*(tcterpy)
	I^1A	H−5→L+4(0.39)	268(4.63)	0.2045	π(NHC−py)→π*(NHC−py)
		H−3→L+7(0.42)	—	—	MLCT/LLCT

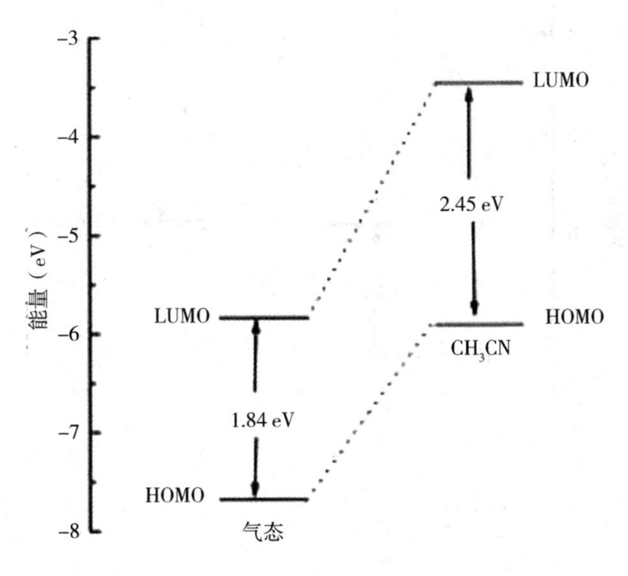

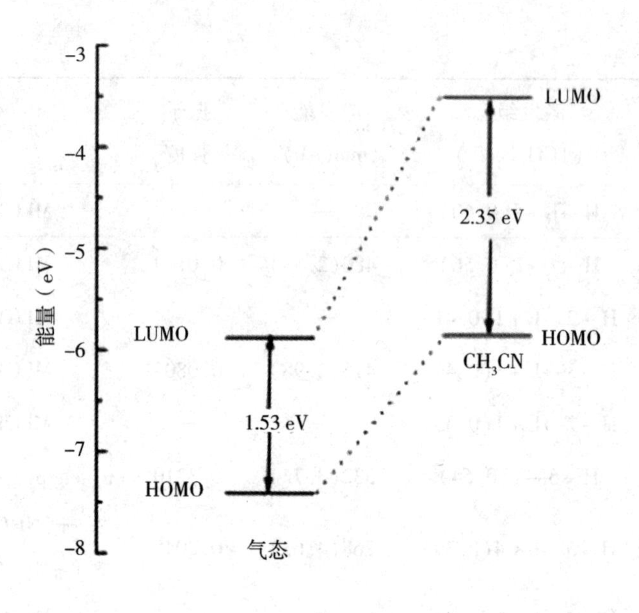
-3
-4
-5
-6
-7
-8
能量（eV）
LUMO
HOMO
1.53 eV
气态
LUMO
HOMO
2.35 eV
CH_3CN

2

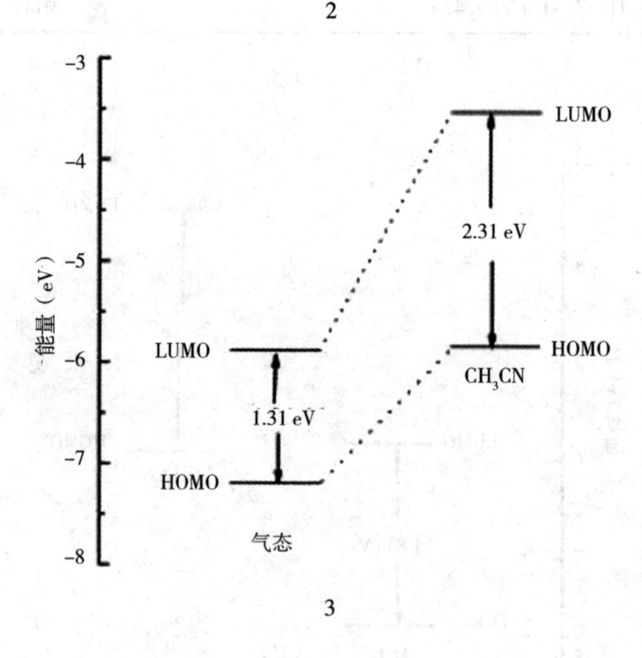
-3
-4
-5
-6
-7
-8
能量（eV）
LUMO
HOMO
1.31 eV
气态
LUMO
HOMO
2.31 eV
CH_3CN

3

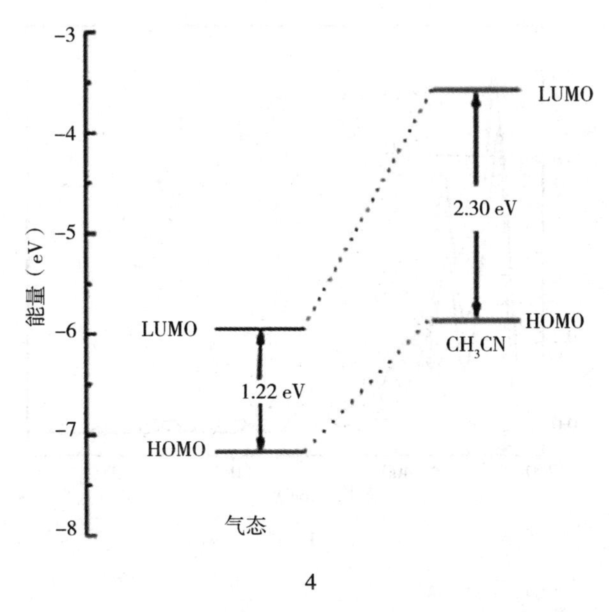

图 4－10　染料分子 1~4 在气态和 CH_3CN 溶液中的 HOMO 和 LUMO 的轨道能级图

由表 4－4、表 4－5 和图 4－11 可以看出，溶剂化效应对染料分子 1～4 激发态的电子吸收的跃迁性质没有明显的影响，但是对吸收强度和吸收波长存在显著的影响。在气态和 CH_3CN 溶液中，染料分子 1～4 的电子吸收的跃迁性质都十分相似，与气态中的吸收光谱相比，染料分子在 CH_3CN 溶液中的吸收波长发生蓝移，并且吸收强度明显增强，高能吸收区尤其显著。

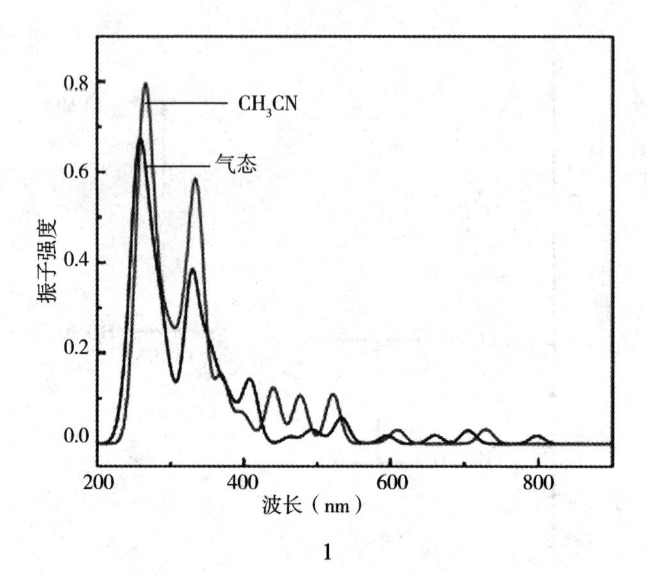
CH$_3$CN
气态
振子强度
波长（nm）
0.8
0.6
0.4
0.2
0.0
200
400
600
800

1

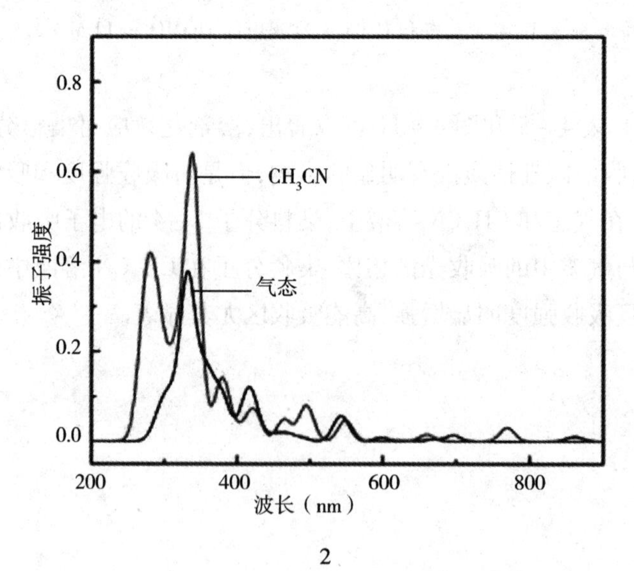
CH$_3$CN
气态
振子强度
波长（nm）
0.8
0.6
0.4
0.2
0.0
200
400
600
800

2

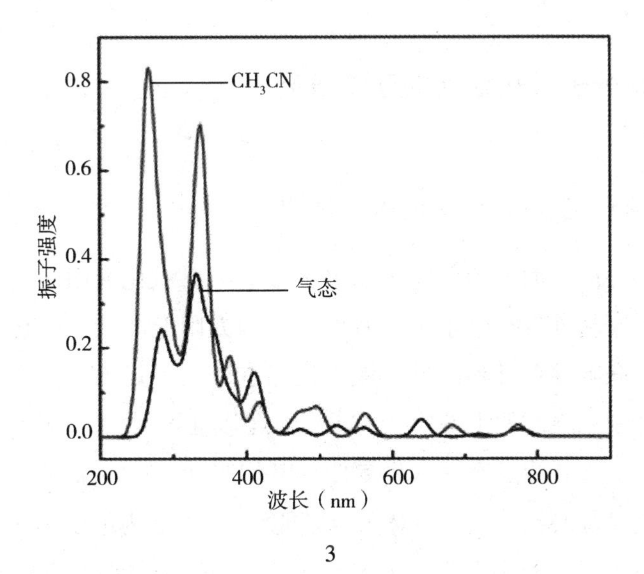

3

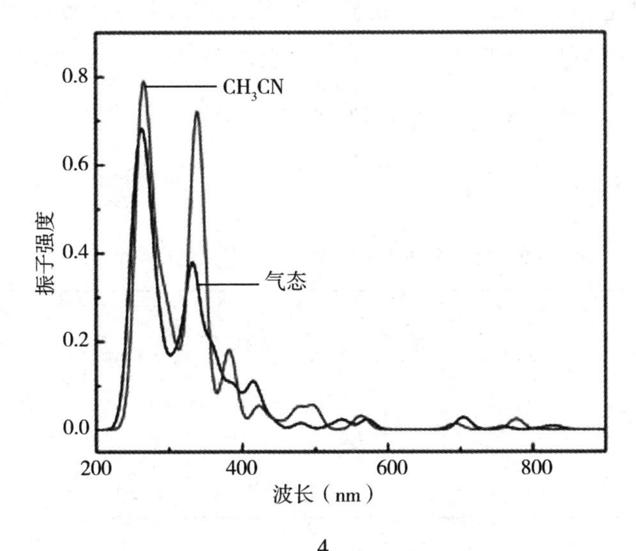

4

图4-11　Gaussian 拟合的染料分子1~4在气态和 CH_3CN 溶液中的吸收光谱

4.3.4 染料分子敏化性能的理论研究

4.3.4.1 染料电子注入过程的驱动力

染料与半导体界面上的电荷传输也是影响染料敏化太阳能电池性能的一个重要因素。染料激发态电子注入效率是影响太阳能电池光电转换效率的一个重要因素。联吡啶钌染料的电子注入过程本质上也是电子由离散的染料激发态能级向一系列连续的半导体电子能级的迁移过程，而染料激发态电子注入效率与将电子从染料激发态注入半导体导带的驱动力（ΔG_{inj}）有关。染料分子激发态的氧化电位要比 TiO_2 半导体的导带能级高，才能为电子的注入过程提供有效的驱动力。当电子注入驱动力大于 0.2 eV 时，染料激发态电子注入效率接近于 1。因此，为了描述染料激发态电子注入 TiO_2 半导体的导带中的驱动力的大小，计算了该过程的自由能变，驱动力 ΔG_{inj} 可由式(3.1)求得。

关于 E_{dye} 的计算，考虑到溶剂化效应，在表 4-6 中列出了计算所得的染料基态氧化电位及相应的电子注入驱动力 ΔG_{inj} 。

表 4-6 染料分子 1~4 的 E_{dye} 、λ_{max} 、ΔG_{inj} 和 ΔG_{reg}

染料分子	E_{dye} /eV	λ_{max} /eV	ΔG_{inj} /eV	ΔG_{reg} /eV
1	5.67	1.70	-0.03	-1.07
2	5.64	1.61	0.03	-1.04
3	5.67	1.60	0.07	-1.07
4	5.72	1.60	0.12	-1.12

由表 4-6 可见，计算得到的染料分子 1~4 最低能电子吸收激发态的 ΔG_{inj} 都非常小，说明染料分子 1~4 最低能电子吸收跃迁不能完成有效的电子注入。通过计算得知，当染料分子 1~4 的垂直激发能分别大于 1.87 eV (663 nm)、1.84 eV(673 nm)、1.87 eV(663 nm)和 1.92 eV(646 nm)时，才能有足够的驱动力完成有效的电子注入。

4.3.4.2 染料再生过程的驱动力

染料敏化太阳能电池的染料分子的激发态电子注入半导体的导带之后，染料分子变为氧化态，必须被电解质中的氧化还原电对还原再生。染料分子的还原再生是染料敏化太阳能电池有效运行的重要条件。染料分子的再生效率通常被定义为，氧化态染料分子被电解质中的氧化还原电对还原而非被氧化态电极中的电荷复合的概率。染料分子的再生效率主要由染料的再生驱动力决定，而染料分子的再生驱动力可由式(3.2)求得。

计算得到的染料分子1~4的再生驱动力列于表4-6中。由表中数据可知，染料分子1~4具有足够大的再生驱动力，因此，染料分子1~4应具有较高的再生效率。

4.3.5 染料4和N749吸附于TiO_2模型体系的光谱性质

光激发后，电子由染料分子激发态注入TiO_2半导体导带的电荷转移过程决定着染料敏化太阳能电池的光电转换效率的高低。因此，本书研究了N749和染料分子4吸附于TiO_2模型体系的光谱性质。本书选取的TiO_2膜表面结构是来自锐钛矿晶体结构的$Ti_5O_{20}H_{22}$结构片段，模型中氢原子被用于饱和所有氧原子的缺失共价键，然后我们将一个吡啶环和TiO_2模型相连接，并且在固定TiO_2模型结构的情况下优化构型，得到准确构型。保持连接部分的几何参数，将吡啶环换成整个染料分子进行优化，优化得到的几何构型列于图4-12中。计算结果显示，N749吸附TiO_2在628 nm处有一强吸收峰，这与在实验中发现的630 nm附近有一个很显著的吸收峰吻合，实验数据与理论数据吻合得很好，说明实验采用的计算方法和计算模型都是可靠的。计算得到染料分子4吸附TiO_2模型体系在长波区显著的吸收峰位于670 nm处，该电子吸收是由HOMO-1→LUMO+1激发组态贡献的。由图4-13可知，HOMO-1轨道是由d(Ru)轨道和NCS的π^*轨道组成的，而LUMO+1轨道是d(Ti)轨道。因此，在670 nm处的电子吸收是由d(Ru)轨道和NCS配体的π^*轨道的电子向d(Ti)轨道跃迁引起的。

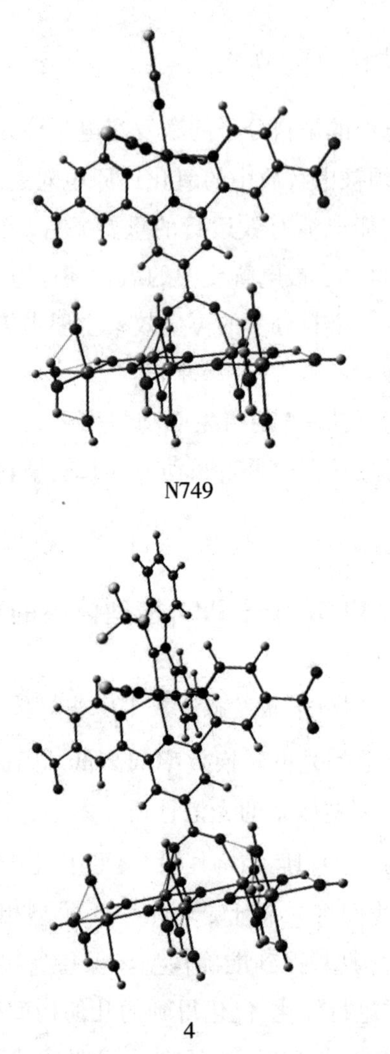

图 4－12 N749@ TiO_2和 4@ TiO_2的吸附几何构型

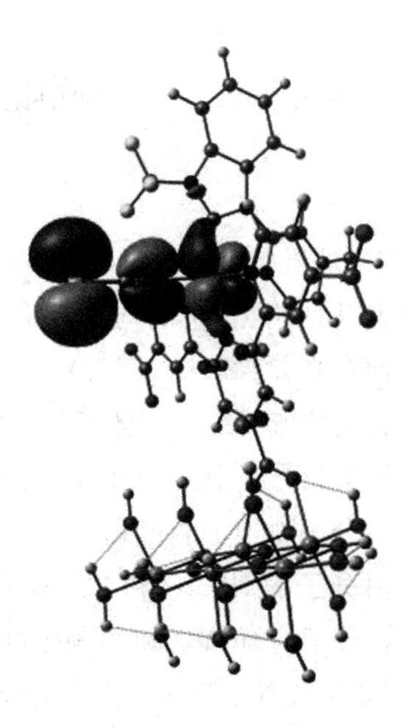

HOMO - 1

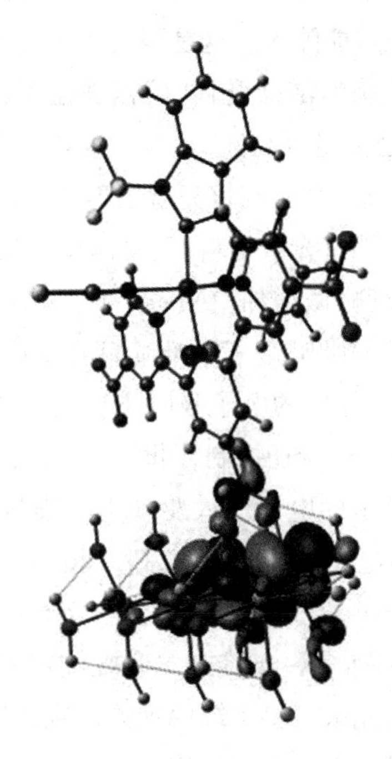

LUMO + 1

图 4 - 13　4@ TiO_2 在 CH_3CN 溶液中吸收光谱的部分前线分子轨道电子云图

4.4 N－杂环卡宾－吡啶基二(三)联吡啶钌结构与性能的比较

N－杂环卡宾－吡啶基二联吡啶钌光敏染料与N－杂环卡宾－吡啶基三联吡啶钌光敏染料具有类似的几何构型,它们均具有略微扭曲的八面体构型,但是它们的电子结构在两方面存在差异。一方面,N－杂环卡宾－吡啶基二联吡啶钌染料分子的占据分子轨道的硫氰酸盐配体贡献比较显著,而在N－杂环卡宾－吡啶基三联吡啶钌光敏染料分子中,由于只有一个硫氰酸盐配体,因此N－杂环卡宾－吡啶配体对占据分子轨道的贡献增加。另一方面,N－杂环卡宾－吡啶基三联吡啶钌光敏染料分子的HOMO和LUMO轨道能量均比N－杂环卡宾－吡啶基二联吡啶钌染料分子的HOMO和LUMO轨道能量低,尤其是HOMO轨道能量降低幅度更大,因此导致N－杂环卡宾－吡啶基三联吡啶钌光敏染料分子的HOMO－LUMO轨道能隙比N－杂环卡宾－吡啶基二联吡啶钌光敏染料分子的HOMO－LUMO轨道能隙大。这是因为N－杂环卡宾－吡啶基二联吡啶钌光敏染料分子中多一个硫氰酸盐配体,硫氰酸盐配体具有强给电子能力,会使光敏染料的HOMO轨道能量升高。

N－杂环卡宾－吡啶基二联吡啶钌光敏染料分子的光吸收性能略好于N－杂环卡宾－吡啶基三联吡啶钌光敏染料,主要体现在吸收波长红移了50 nm左右,低能吸收区的吸收强度略微增加。N－杂环卡宾－吡啶基二联吡啶钌光敏染料分子和N－杂环卡宾－吡啶基三联吡啶钌光敏染料的电子吸收具有相似的跃迁性质,吸收光谱在低能区的电子吸收主要具有MLCT/LLCT混合跃迁性质,而高能电子吸收由$\pi \rightarrow \pi^*$跃迁控制,同时伴有部分MLCT/LLCT跃迁。

通过讨论两类染料分子的电子注入驱动力和染料再生驱动力等理论参数可知,二联吡啶钌染料的电子注入驱动力高,而三联吡啶钌的染料再生驱动力高。

总之,通过对N－杂环卡宾－吡啶基二联吡啶钌光敏染料分子和N－杂环卡宾－吡啶基三联吡啶钌光敏染料系统的理论研究,结果表明这两类染料分子均有作为高效的染料分子潜在的应用价值。

4.5　本章小结

以提高染料敏化太阳能电池光电转换效率及稳定性为目的，我们以 N749 染料为母体，三联吡啶配体作为附着配体，利用两齿的 N－杂环卡宾－吡啶配体替代两个 NCS 配体设计一系列同时含有三齿配体和两齿配体的染料分子 1~4。利用 DFT 和 TDDFT 方法对染料分子 1~4 的几何结构、电子结构和光谱性质进行了系统的理论研究，并讨论了电子注入效率和染料再生效率等影响染料性能的理论参数，得到以下结论：

研究结果表明，染料分子 1~4 的 HOMO 轨道都是由 Ru 原子的 d 轨道和硫氰酸盐配体（NCS）组成的，而 LUMO 轨道则是由带羧基的三联吡啶配体的 π^* 轨道所贡献。硫氰酸盐配体（NCS）对 HOMO 轨道的贡献，羧基官能团（COOH）对 LUMO 轨道的贡献，染料分子 1 ~4 的这种电子结构性质在染料敏化太阳能电池的再生过程和电荷注入过程中起着重要的作用。

与母体分子 N749 相比，采用 N－杂环卡宾－吡啶配体替代两个 NCS 配体导致染料分子 1~4 的 HOMO 和 LUMO 轨道能量均降低，并且 HOMO 轨道能量下降的幅度大于 LUMO 轨道能量下降的幅度，从而导致染料分子 1~4 的 HOMO－LUMO能隙均大于它们的母体分子 N749 的 HOMO－LUMO 能隙。同时，N－杂环卡宾－吡啶配体的引进导致染料分子 1~4 的 HOMO 轨道能量与电解质中的碘化物的氧化还原电位更加匹配，此系列染料分子有希望在氧化态染料分子的再生过程中表现出比 N749 更好的性能。因此，染料分子 1~4 的前线分子轨道结构及轨道的能量均满足作为染料敏化太阳能电池光敏剂的前提条件。

计算结果还表明，由 N－杂环卡宾－吡啶配体替代两个 NCS 配体的环金属联吡啶钌染料分子在 CH_3CN 溶液中的吸收光谱在低能区的吸收波长接近 800 nm，主要具有 MLCT/LLCT 混合跃迁性质，还具有良好的光吸收性能。

溶剂化效应对光敏染料的前线分子轨道能量、电子吸收波长和强度都有一定的影响。与气态相比，CH_3CN 溶剂的影响使染料分子 1 ~4 的前线分子轨道能量升高，HOMO－LUMO 轨道能隙变大，电子吸收波长蓝移，吸收强度略微增加（尤其是高能吸收）。

计算结果还表明，当染料分子 1 ~ 4 的垂直激发能分别大于 1. 87 eV (663 nm)、1. 84 eV(673 nm)、1. 87 eV(663 nm)和 1. 92 eV(646 nm)时，就有足够的驱动力完成有效的电子注入。同时，染料分子 1 ~ 4 具有足够大的再生驱动力，因此具有较高的染料再生效率。

综上所述，本章设计的去硫氰酸盐基团的环境友好的环金属钌光敏染料 1~4有作为高效染料潜在的应用价值。

第5章 质子化作用对N-杂环卡宾-吡啶基钌光敏染料的结构和光谱性质的影响

5.1 引言

在之前的研究中,以提高染料敏化太阳能电池光电转换效率及稳定性为目的,以N749染料为母体,三联吡啶配体作为附着配体,利用两齿的N-杂环卡宾-吡啶配体替代两个NCS配体,设计了一系列同时含有三齿配体和两齿配体的去硫氰酸盐配体染料分子。研究结果发现,该类染料分子有作为高效的去硫氰酸盐配体光敏染料潜在的应用价值。

对于含有羧基基团的染料分子,即使是吸附半导体薄膜之后,改变去质子化的程度,也会由于界面间的能量改变,而使性质和效率发生变化,因此,减少去质子化程度会使费米能级降低。因此,会在界面产生偶极,而偶极的产生会提供有利于电子注入TiO_2半导体导带的电场,产生更强的光电流。但是,费米能级的负向移动会减少氧化还原电对(I^-/I_3^-)和降低费米能级的能隙,这将产生较低的电池开路电压。相反,不进行去质子化能导致高的开路电压,但是短路电流会大幅减少,因此,平衡两者关系,从而使效率最大化,是一个比较复杂的问题。光敏染料分子不同的质子化程度或者去质子化程度会改变其电子结构,因此作为附着基团的羧基的脱氢程度会影响分子激发态的能量和轨道组成。

基于以上背景,本章系统地研究了质子化作用对去硫氰酸盐配体环金属三联吡啶钌染料分子$[Ru(H_x tcterpy)(CF_3-NHC-py)(NCS)]^y$($x=0, 1, 2, 3$; $y=-2, -1, 0, 1$)的几何结构、电子结构和光学性质的影响。

5.2 计算方法

采用密度泛函理论中的 B3LYP 泛函优化了不同质子化程度的去硫氰酸盐配体环金属三联吡啶钌光敏染料[Ru(tcterpy)(CF_3 - NHC - py)(NCS)]$^{2-}$(0H),[Ru(Htcterpy)(CF_3 - NHC - py)(NCS)]$^{-}$(1H),[Ru(H_2tcterpy)(CF_3 - NHC - py)(NCS)](2H),[Ru(H_3tcterpy)(CF_3 - NHC - py)(NCS)]$^{+}$(3H)的基态几何结构。为验证优化得到的分子几何构型是局域最小值,在相同计算水平下进行了频率分析,分析结果表明无虚频存在。以上述计算为基础,利用含时密度泛函理论,采用自洽反应场方法中的极化连续介质模型来模拟溶剂化环境,计算得到了不同质子化程度的去硫氰酸盐配体环金属三联吡啶钌染料分子 0H~3H 在 CH_3CN 溶液中的激发态电子结构和电子吸收光谱。考虑到溶剂化的影响,结合 ROB3LYP 结合 PCM 模型优化的几何构型下进行单点能计算,得到染料分子 0H~3H 的基态氧化电位。

计算中采用 LanL2DZ 基组,对 Ru 和 S 原子使用 Hay 和 Wadt 提出的准相对论赝势,Ru 原子使用 16 个价电子,S 使用 6 个价电子。因此,计算中使用的基组为:Ru(8s7p6d/6s5p3d),S(3s3p1d/2s2p1d),F(10s5p/3s2p),O(10s5p/3s2p),N(10s5p/3s2p),C(10s5p/3s2p)和 H(4s/2s)。所有计算均使用 Gaussian 09 程序完成。

5.3 结果与讨论

5.3.1 质子化效应对染料分子 0H~3H 几何结构的影响

利用 B3LYP 方法优化了染料分子 0H~3H 的基态稳定结构,优化结果表明 0H~3H 均具有^{1}A 基态,计算得到的主要几何参数列于表 5-1 中,并在图 5-1 中给出了染料分子 0H~3H 的几何结构图。如图 5-1 所示,由于 Ru(Ⅱ)原子采用低自旋的 $4d^6 5s^0$ 电子组态,所以染料分子 0H~3H 均具有以 RuN_5C 为中心的略微扭曲的八面体构型。由表 5-1 可知,三齿配体 tcterpy 上的配位角

N1－Ru－N3 在 155°～158°之间，偏离正八面体的 180°，二齿配体 N－杂环卡宾－吡啶配体上的配位角 N5－Ru－C1 在 78°左右，也偏离标准的 90°，由此也可证明染料分子 0H～3H 的基态几何是略微扭曲的八面体。

计算得到的染料分子 0H～3H 的主要几何参数很相似，其中三联吡啶配体的 Ru－N2 键长比 Ru－N1 和 Ru－N3 键长短 0.056～0.079 Å，这是由于中间的吡啶环直接与具有强 σ 给体的 N－杂环卡宾配体贯穿连接，而其他的两个吡啶环没有受到这种作用的影响。此外，三联吡啶环的 N－C 键长为 1.359～1.387 Å，比 N－C 单键的键长短大约 0.100 Å，这是三联吡啶环内 N 原子的孤对电子离域的结果。由图 5－1 和表 5－1 可知，染料分子的 0H～3H 的几何结构很相似，因此，质子化效应对染料分子几何结构的影响不大。

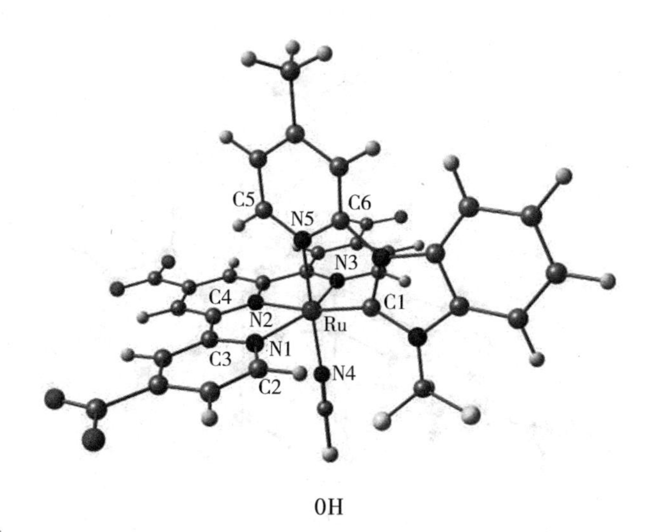

0H

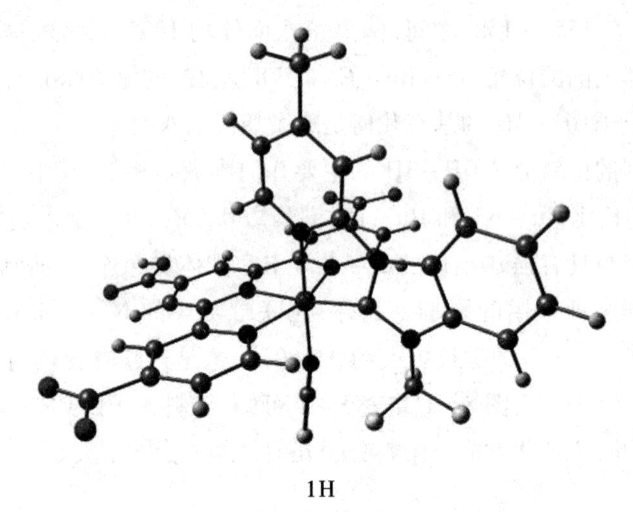

1H

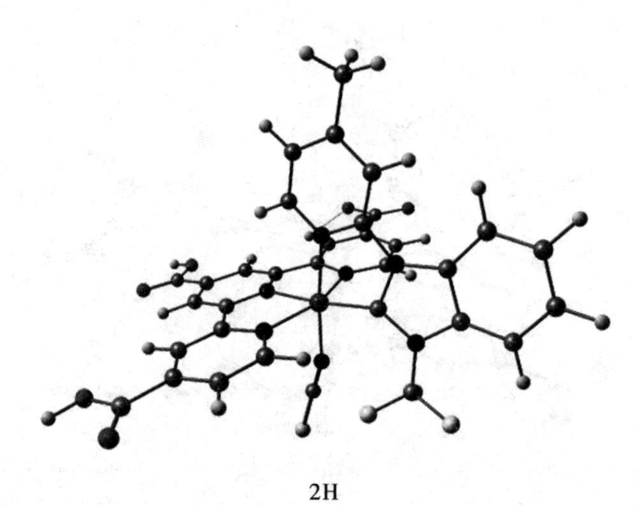

2H

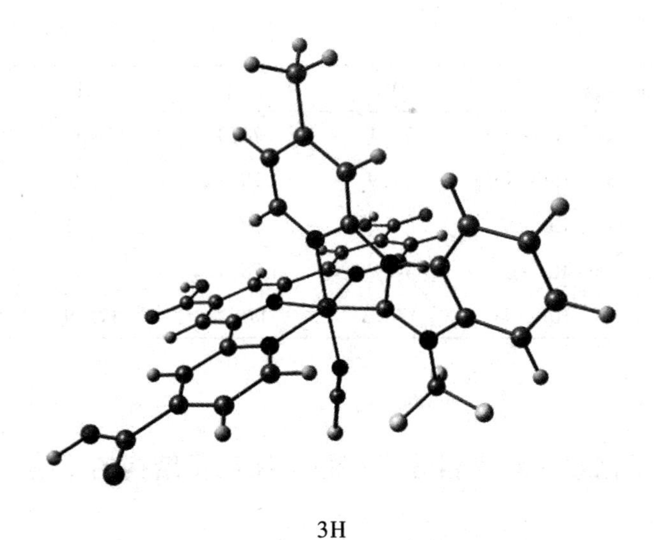

3H

图 5－1　染料分子 0H～3H 的几何结构图

表 5－1　计算得到的染料分子 0H～3H 的基态几何参数

几何参数		0H	1H	2H	3H
键长/Å	Ru－N1	2.108	2.112	2.095	2.101
	Ru－N2	2.052	2.040	2.034	2.026
	Ru－N3	2.113	2.113	2.113	2.100
	Ru－N4	2.058	2.054	2.046	2.040
	Ru－N5	2.084	2.082	2.094	2.101
	Ru－C1	1.966	1.983	1.997	2.019
	N1－C2	1.360	1.359	1.361	1.359
	N1－C3	1.386	1.387	1.387	1.386
	N2－C4	1.365	1.364	1.364	1.364
	N5－C5	1.364	1.363	1.363	1.364
	N5－C6	1.371	1.370	1.370	1.369

续表

几何参数		0H	1H	2H	3H
键角/(°)	N1 - Ru - N2	78.1	78.3	78.6	78.8
	N2 - Ru - N3	77.9	78.4	78.6	78.7
	N1 - Ru - N3	155.9	156.6	157.1	157.4
	N5 - Ru - C1	78.7	78.4	78.0	77.6
	N5 - Ru - N4	178.3	178.4	175.9	177.0

5.3.2 质子化效应对染料分子 0H ~ 3H 电子结构的影响

分子轨道性质决定染料分子的电子激发和电子跃迁的性质，所以详细讨论前线分子轨道的性质是非常重要的。本章在表 5 - 2 中列出了染料分子0H ~ 3H 在 CH_3CN 溶液中的部分前线分子轨道的组成。在图 5 - 2 中列出了染料分子 0H 在 CH_3CN 溶液中的部分前线分子轨道电子云图。

表 5 - 2　0H ~ 3H 在 CH_3CN 溶液中电子吸收跃迁所涉及的分子轨道的组成

分子轨道	能量 /eV	组成%				轨道性质
		Ru	tcterpy	NHC - py	NCS	
			0H			
LUMO +8	-0.65	1	0	99	0	π^* (NHC - py)
LUMO +7	-0.84	2	98	0	0	π^* (tcterpy)
LUMO +6	-1.14	1	4	95	0	π^* (NHC - py)
LUMO +5	-1.45	3	18	79	0	π^* (NHC - py)
LUMO +4	-1.54	1	98	1	0	π^* (tcterpy)
LUMO +3	-1.56	2	77	21	0	π^* (tcterpy)
LUMO +2	-2.00	12	7	81	1	π^* (NHC - py)
LUMO +1	-2.26	2	94	4	0	π^* (tcterpy)

续表

分子轨道	能量/eV	组成%				轨道性质
		Ru	tcterpy	NHC－py	NCS	
LUMO	－2.61	3	95	1	1	π^*(tcterpy)
HOMO－LUMO 能级						
HOMO	－5.54	38	6	4	51	d(Ru)－π^*(NCS)
HOMO－1	－5.63	28	4	2	65	d(Ru)－π^*(NCS)
HOMO－2	－6.18	44	18	37	1	d(Ru)－π(NHC－py)
HOMO－3	－6.28	1	99	1	0	p(COO^-)
HOMO－4	－6.29	2	96	2	0	p(COO^-)
HOMO－5	－6.31	2	96	2	0	p(COO^-)
HOMO－6	－6.45	26	26	4	43	d(Ru)－π^*(NCS)
HOMO－7	－6.48	1	98	1	1	p(COO^-)
HOMO－8	－6.48	0	100	0	0	p(COO^-)
HOMO－9	－6.50	0	100	0	0	p(COO^-)
HOMO－10	－6.57	3	93	1	3	p(COO^-)
HOMO－11	－6.58	1	98	0	1	p(COO^-)
HOMO－12	－6.61	1	98	0	1	p(COO^-)
HOMO－13	－6.73	43	17	4	36	d(Ru)－π^*(NCS)
HOMO－14	－7.07	2	88	10	1	π(tcterpy)
HOMO－15	－7.17	4	9	86	1	π(NHC－py)
1H						
LUMO＋8	－0.70	0	0	99	0	π^*(NHC－py)
LUMO＋7	－1.21	1	2	97	0	π^*(NHC－py)
LUMO＋6	－1.36	1	99	0	0	π^*(tcterpy)
LUMO＋5	－1.52	3	14	82	0	π^*(NHC－py)

续表

分子轨道	能量/eV	组成%				轨道性质
		Ru	tcterpy	NHC－py	NCS	
LUMO＋4	－1.68	2	81	17	0	π^*(tcterpy)
LUMO＋3	－2.01	0	100	0	0	π^*(tcterpy)
LUMO＋2	－2.10	11	2	86	1	π^*(NHC－py)
LUMO＋1	－2.55	2	98	0	0	π^*(tcterpy)
LUMO	－3.13	5	94	1	0	π^*(tcterpy)
			HOMO－LUMO 能级			
HOMO	－5.63	37	6	4	53	d(Ru)－π^*(NCS)
HOMO－1	－5.75	25	4	2	70	d(Ru)－π^*(NCS)
HOMO－2	－6.33	38	29	30	3	d(Ru)－π^*(NHC－py)
HOMO－3	－6.39	0	100	0	0	p(COO^-)
HOMO－4	－6.40	10	80	9	1	p(COO^-)
HOMO－5	－6.54	2	95	2	2	p(COO^-)
HOMO－6	－6.55	0	100	0	0	p(COO^-)
HOMO－7	－6.59	33	19	6	41	d(Ru)－π^*(NCS)
HOMO－8	－6.67	1	98	0	1	p(COO^-)
HOMO－9	－6.67	1	99	0	1	p(COO^-)
HOMO－10	－6.89	49	15	3	33	d(Ru)－π^*(NCS)
HOMO－11	－7.24	3	13	84	0	π(NHC－py)
HOMO－12	－7.31	2	86	11	1	π(tcterpy)
HOMO－13	－7.73	15	5	80	0	π(NHC－py)
HOMO－14	－8.01	2	97	0	1	π(tcterpy)
HOMO－15	－8.04	0	0	100	0	π(NHC－py)

续表

分子轨道	能量 /eV	组成%				轨道性质
		Ru	tcterpy	NHC－py	NCS	
			2H			
LUMO＋8	－0.79	1	1	98	0	π^*（NHC－py）
LUMO＋7	－1.29	1	2	97	0	π^*（NHC－py）
LUMO＋6	－1.54	1	88	10	0	π^*（tcterpy）
LUMO＋5	－1.63	2	10	88	0	π^*（NHC－py）
LUMO＋4	－1.96	1	97	1	0	π^*（tcterpy）
LUMO＋3	－2.19	10	4	86	1	π^*（NHC－py）
LUMO＋2	－2.58	0	99	1	0	π^*（tcterpy）
LUMO＋1	－2.89	3	96	1	0	π^*（tcterpy）
LUMO	－3.37	6	93	1	0	π^*（tcterpy）
			HOMO－LUMO 能级			
HOMO	－5.76	34	6	4	57	d(Ru)－π^*（NCS）
HOMO－1	－5.87	24	4	2	70	d(Ru)－π^*（NCS）
HOMO－2	－6.45	11	81	8	1	p(COO^-)
HOMO－3	－6.50	37	30	30	3	d(Ru)－π(NCS)
HOMO－4	－6.58	2	95	2	0	p(COO^-)
HOMO－5	－6.73	6	85	1	7	p(COO^-)
HOMO－6	－6.75	31	30	6	34	d(Ru)－π^*（NCS）
HOMO－7	－7.01	49	15	3	32	d(Ru)－π^*（NCS）
HOMO－8	－7.33	4	3	93	0	π(NHC－py)
HOMO－9	－7.50	3	93	3	1	π(tcterpy)
HOMO－10	－7.81	16	5	79	0	d(Ru)－π^*（NCS）
HOMO－11	－8.12	0	1	99	0	π(NHC－py)

续表

分子轨道	能量/eV	组成%				轨道性质
		Ru	tcterpy	NHC-py	NCS	
HOMO-12	-8.26	2	96	2	1	π(tcterpy)
HOMO-13	-8.37	1	64	33	1	p(COO^-)
HOMO-14	-8.54	0	100	0	0	p(COO^-)
HOMO-15	-8.55	0	100	0	0	p(COO^-)
			3H			
LUMO+5	-1.35	1	0	98	0	π*(NHC-py)
LUMO+4	-2.12	8	2	91	1	π*(NHC-py)
LUMO+3	-2.57	1	99	1	0	π*(tcterpy)
LUMO+2	-2.81	1	99	0	0	π*(tcterpy)
LUMO+1	-3.09	5	94	0	0	π*(tcterpy)
LUMO	-3.53	7	92	0	1	π*(tcterpy)
			HOMO-LUMO 能级			
HOMO	-5.84	32	5	4	58	d(Ru)-π*(NCS)
HOMO-1	-5.90	24	6	1	68	d(Ru)-π*(NCS)
HOMO-2	-6.56	55	7	38	1	d(Ru)-π*(NHC-py)
HOMO-3	-6.87	36	13	9	41	d(Ru)-π*(NCS)
HOMO-4	-7.09	48	15	2	35	d(Ru)-π*(NCS)
HOMO-5	-7.25	3	3	95	1	π(NHC-py)
HOMO-6	-7.70	2	95	1	1	π(tcterpy)
HOMO-7	-7.87	18	4	76	1	π(NHC-py)
HOMO-8	-8.18	0	0	100	0	π(NHC-py)
HOMO-9	-8.50	2	96	0	1	π(tcterpy)
HOMO-10	-8.59	1	89	10	0	p(COO^-)

对于染料分子0H～3H，占据分子轨道的组成是相似的，因此，我们以染料0H为例进行分析。如表5－2和图5－2所示，染料分子0H的前16个较高能量占据分子轨道主要有5种类型：HOMO、HOMO－1、HOMO－6和HOMO－13是由Ru原子的d轨道和NCS配体的π轨道组成的反键形式的轨道。较高能量的占据分子轨道具有显著的硫氰酸盐配体（NCS）特征，在N3和N749染料的理论研究中已经发现了类似的性质，并且染料分子0H电子结构的这个特征对氧化态染料分子的再生过程起着重要的作用。由于引进了N－杂环卡宾－吡啶配体替代两个NCS配体，因此丰富了染料的分子轨道性质。HOMO－2轨道由Ru原子的d轨道和N－杂环卡宾－吡啶配体的π轨道组成。HOMO－15轨道由N－杂环卡宾－吡啶配体的π轨道贡献。HOMO－3、HOMO－4、HOMO－5、HOMO－7、HOMO－8、HOMO－9、HOMO－10、HOMO－11和HOMO－12轨道主要定域在脱氢的COO^-基团上，此类型轨道在0H分子的高能占据分子轨道中占有很大的比重，这是因为0H分子是完全脱质子化的结构。从0H～3H，随着质子化程度的加强，COO^-性质的占据分子轨道的比重逐渐减小。

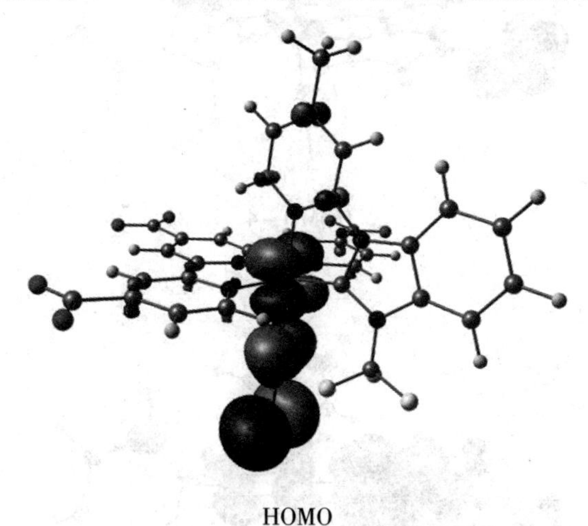

HOMO

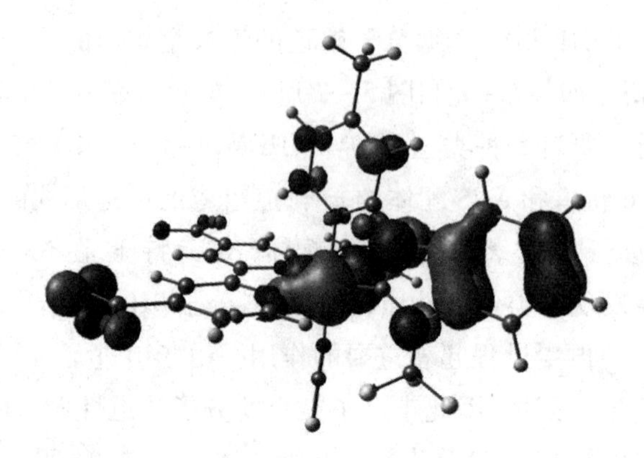

HOMO - 2

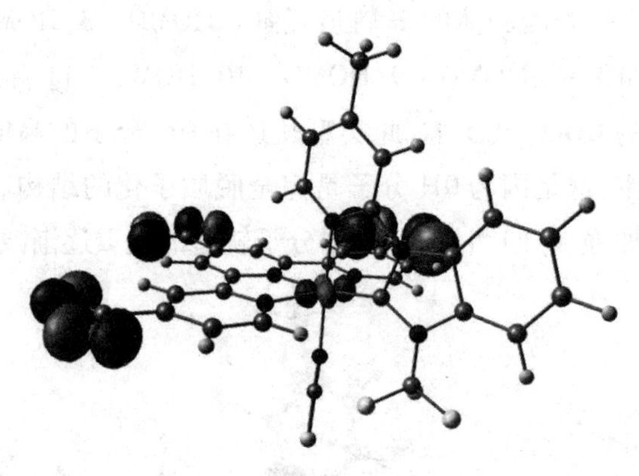

HOMO - 4

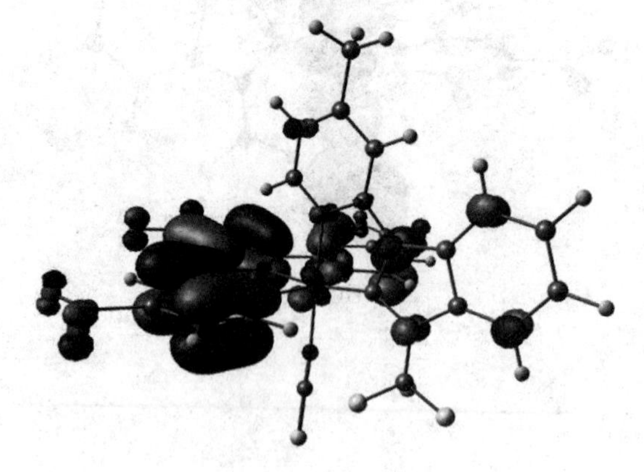

HOMO - 14

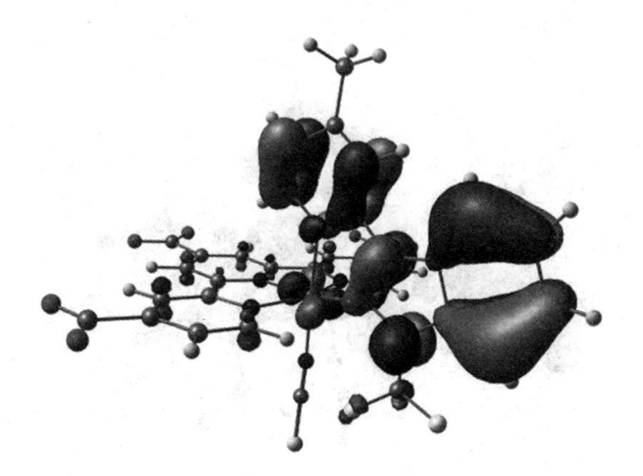

HOMO－15

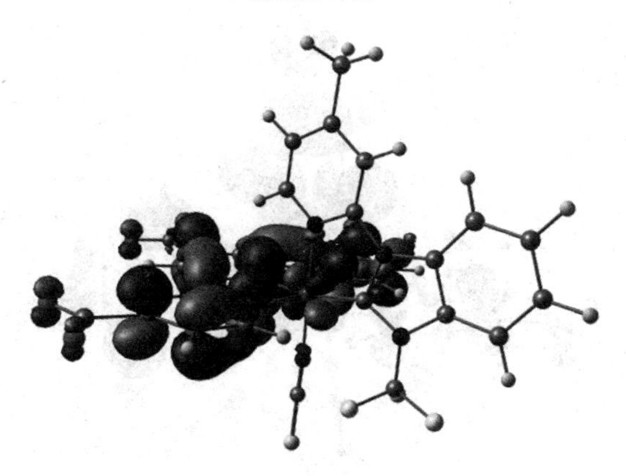

LUMO

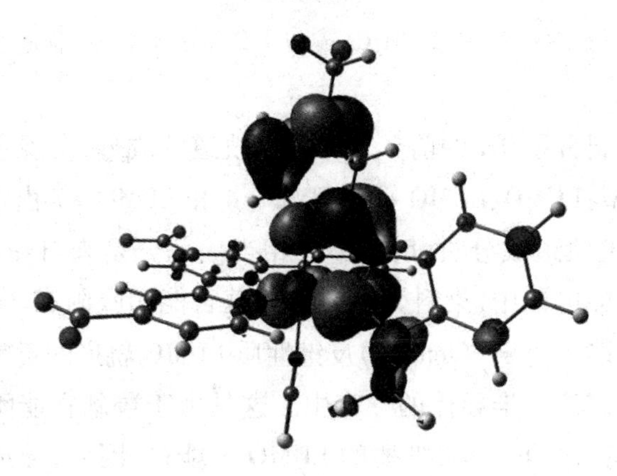

LUMO＋2

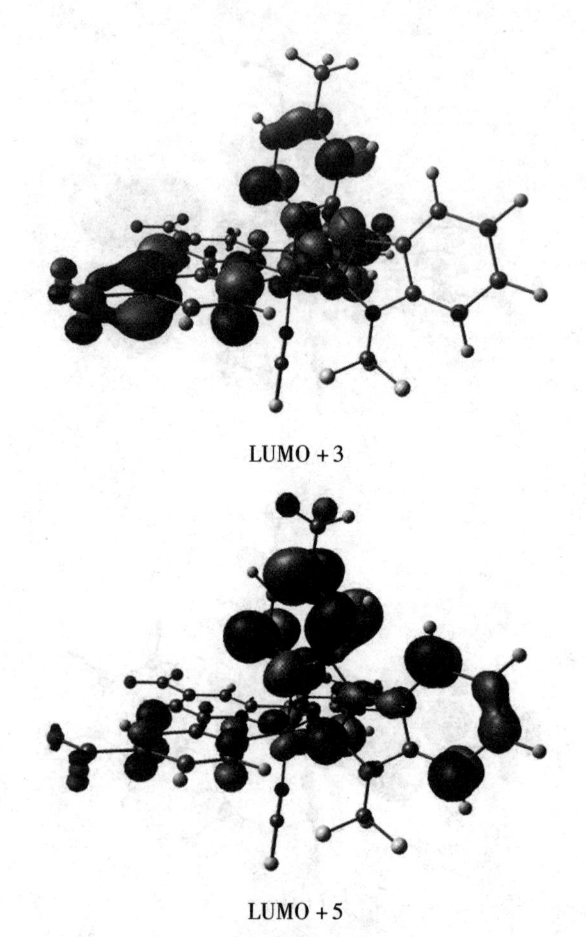

图 5-2 染料分子 0H 在 CH_3CN 溶液中的部分前线分子轨道电子云图

通过分析染料分子 0H 的前 9 个非占据轨道的成分，发现它们主要有三种类型，第一种类型：LUMO、LUMO +1、LUMO +4 和 LUMO +7 由定域在三联吡啶配体上的 π^* 反键轨道成分贡献，其中有相当一部分是来自羧基基团的贡献。在染料敏化太阳能电池中，染料分子通过羧基官能团吸附在 TiO_2 半导体的表面，因此，羧基官能团对 π^*(tcterpy)反键性质 LUMO 轨道的贡献有利于电子从染料分子的激发态注入半导体的导带中。这是由于羧基官能团具有吸电子性质，能够降低具有 π^*(tcterpy)性质的 LUMO 的能量，因此，导致染料分子激发态的 LUMO 与 TiO_2 半导体的 Ti(3d)轨道(导带)之间的电子耦合增强。第二种类型：LUMO +2、LUMO +6 和 LUMO +8 轨道由 N-杂环卡宾-吡啶配体的 π^*

轨道所贡献。LUMO＋3 和 LUMO＋5 轨道则是由三联吡啶配体的 π^* 反键轨道和 N－杂环卡宾－吡啶配体的 π^* 轨道共同贡献，但是在 LUMO＋3 轨道中三联吡啶配体占主导地位，在 LUMO＋5 轨道中 N－杂环卡宾－吡啶配体占主导地位。

图 5－3 中给出了去硫氰酸盐配体环金属钌染料分子 0H～3H 在 CH_3CN 溶液中的部分前线分子轨道的能级图，发现羧酸阴离子基团（COO^-）的质子化便染料分子的占据分子轨道和空分子轨道更加稳定。由于羧基基团连在三联吡啶配体上，因此，质子化作用对空分子轨道（LUMO）影响更大。质子化的羧基基团（COOH）的电子密度的增加导致 π^* 反键性质的 LUMO 轨道的能量降低。每一步质子化，空分子轨道（HOMO）能量下降的幅度都比占据分子轨道（LUMO）能量下降的幅度大。因此，染料分子 0H～3H 的 HOMO－LUMO 能隙从 2.94 eV 下降到 2.30 eV（随着质子化程度的加深，0H、1H、2H 和 3H 的 HOMO－LUMO 能隙分别为 2.94 eV、2.51 eV、2.39 eV 和 2.30 eV）。

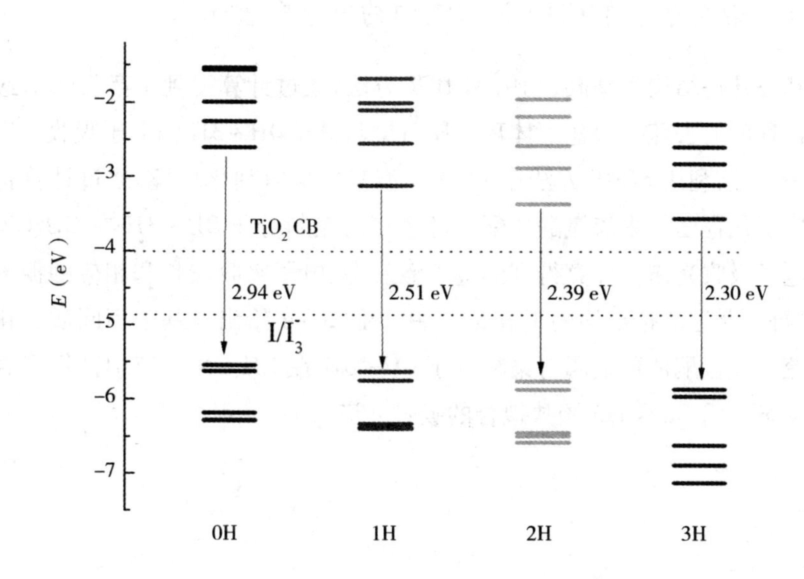

图 5－3　0H～3H 在 CH_3CN 溶液中的部分分子轨道能级图

不同质子化程度的去硫氰酸盐配体环金属钌染料分子的前线分子轨道能

级要与 TiO_2 半导体的导带能级和电解质中的氧化还原电对的氧化还原电位相匹配。由图 5-3 可知，染料分子 0H～3H 的 LUMO 轨道能级都高于 TiO_2 半导体的导带能级（-4.0 eV），因此，染料分子 0H～3H 都可以将第一单重激发态中的电子直接注入 TiO_2 半导体的导带中。同时，不同质子化程度的去硫氰酸盐配体环金属钌染料分子 0H～3H 的 HOMO 轨道能级均低于氧化还原电对（I^-/I_3^-）的还原电位（-4.6 eV），因此，能使失去电子的氧化态染料分子得到电子再生。

对不同质子化程度的去硫氰酸盐配体环金属钌染料分子，0H～3H 在 CH_3CN 溶液中的前线分子轨道结构和分子轨道能级的分析表明，染料分子 0H～3H 的前线分子轨道结构及轨道的能量满足作为染料敏化太阳能电池光敏剂的前提条件。

5.3.3 质子化效应对染料分子 0H～3H 电子吸收光谱的影响

5.3.3.1 染料分子在 CH_3CN 溶液中的电子吸收光谱

以基态几何结构为基础，利用 TDDFT 方法，通过计算得到了激发态对应不同质子化程度的去硫氰酸盐配体环金属钌染料分子 0H～3H 的电子吸收。以上述计算为基础，利用 SCRF 方法中 PCM 模型来模拟溶剂化环境，通过计算得到了不同质子化程度的去硫氰酸盐配体环金属钌染料分子 0H～3H 在 CH_3CN 溶液中的电子吸收光谱。计算得到的电子激发态、电子吸收波长和相应的振子强度，及对每个跃迁的指认均列于表 5-3 中。图 5-4 给出了基于不同质子化程度的去硫氰酸盐配体环金属钌染料分子 0H～3H 在 CH_3CN 溶液中计算得到的所有激发态并用 Gaussian 函数拟合的吸收光谱。

表5－3　染料分子0H～3H在CH_3CN溶液中的吸收光谱

染料分子	激发态	激发组态（|CI| coef.）	激发能/nm(eV)	振子强度	跃迁指认
0H	A^1A	H→L(0.69)	565(2.19)	0.0200	MLCT/LLCT
	B^1A	H－1→L(0.68)	518(2.39)	0.0215	MLCT/LLCT
	C^1A	H→L＋2(0.53)	471(2.63)	0.0206	MLCT/LLCT
	D^1A	H→L＋5(0.46)	367(3.37)	0.0469	MLCT/LLCT
		H－2→L＋2(0.47)	—	—	MLCT/π(NHC－py)→π*(NHC－py)
	E^1A	H－10→L(0.53)	355(3.49)	0.0602	ILCT
	F^1A	H－6→L＋1(0.59)	343(3.61)	0.1293	MLCT/LLCT
	G^1A	H－14→L(0.50)	315(3.93)	0.2553	π(tcterpy)→π*(tcterpy)
	H^1A	H－6→L＋4(0.67)	284(4.36)	0.1919	MLCT/LLCT
1H	A^1A	H－1→L(0.69)	605(2.05)	0.0316	MLCT/LLCT
	B^1A	H→L＋3(0.68)	407(3.05)	0.0382	MLCT/LLCT
	C^1A	H－8→L(0.66)	398(3.11)	0.0385	ILCT
	D^1A	H－7→L＋1(0.34)	365(3.40)	0.0966	MLCT/LLCT
		H－2→L＋2(0.41)	—	—	MLCT/π(NHC－py)→π*(tcterpy)
		H→L＋5(0.36)	—	—	MLCT/LLCT
	E^1A	H－12→L(0.43)	331(3.74)	0.2193	π(tcterpy)→π*(tcterpy)
		H→L＋6(0.30)	—	—	MLCT/LLCT
	F^1A	H→L＋7(0.44)	320(3.87)	0.0463	MLCT/LLCT
	G^1A	H－12→L＋1(0.3)	286(4.33)	0.0940	π(tcterpy)→π*(tcterpy)
		H－7→L＋4(0.53)	—	—	MLCT/LLCT
2H	A^1A	H→L＋1(0.68)	650(1.91)	0.0218	MLCT/LLCT
	B^1A	H→L＋2(0.69)	479(2.59)	0.0343	MLCT/LLCT
	C^1A	H－5→L(0.57)	418(2.96)	0.0218	ILCT

续表

染料分子	激发态	激发组态 (|CI| coef.)	激发能/nm(eV)	振子强度	跃迁指认
	D^1A	H-6→L+1(0.50)	377(3.29)	0.1123	MLCT/LLCT
	E^1A	H→L+5(0.45)	353(3.51)	0.0240	MLCT/LLCT
	F^1A	H-9→L(0.46)	339(3.65)	0.3397	π(tcterpy)→π*(tcterpy)
	G^1A	H-9→L+1(0.59)	340(3.65)	0.4973	π(tcterpy)→π*(tcterpy)
		H-3→L+5(0.31)	—	—	MLCT/LLCT
3H	A^1A	H→L(0.70)	777(1.60)	0.0243	MLCT/LLCT
	B^1A	H-1→L(0.69)	693(1.79)	0.0136	MLCT/LLCT
	C^1A	H→L+1(0.67)	564(2.20)	0.0165	MLCT/LLCT
	D^1A	H→L+2(0.69)	498(2.49)	0.0511	MLCT/LLCT
	E^1A	H-3→L+1(0.61)	382(3.24)	0.1711	MLCT/LLCT
	F^1A	H-6→L(0.59)	340(3.64)	0.5049	π(tcterpy)→π*(tcterpy)
	G^1A	H-5→L+4(0.58)	275(4.50)	0.0790	π(NHC-py)→π*(NHC-py)

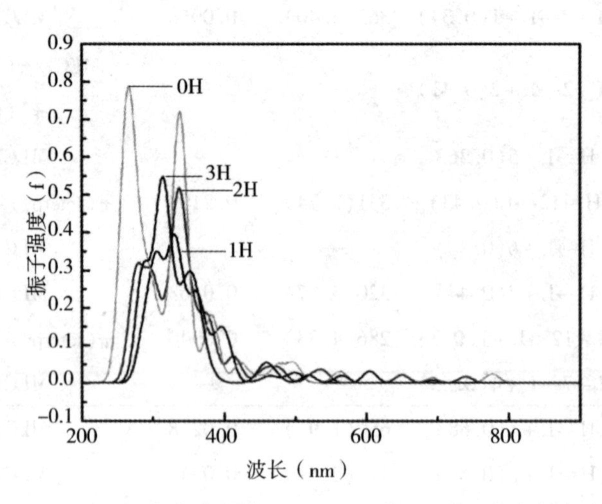

图 5-4 Gaussian 拟合的染料分子 0H～3H 在 CH_3CN 溶液中的吸收光谱

如表5－3所示，不同质子化程度的去硫氰酸盐配体环金属钌染料分子0H～3H的吸收光谱具有相似的电子跃迁性质，电子吸收光谱的低能电子吸收主要具有MLCT/LLCT混合跃迁性质，而高能电子吸收由发生在配体内部的$\pi \rightarrow \pi^*$跃迁控制，同时伴有部分MLCT/LLCT跃迁。我们以光敏染料0H为例，详细分析其激发态性质和电子吸收光谱性质。如表5－3所示，在CH_3CN溶液中，计算得到的完全去质子化的染料分子0H的最低能电子吸收发生在565 nm处，该电子吸收的振子强度为0.020。在该电子激发态中，HOMO→LUMO(0.69)组态具有最大的|CI|波函数组合系数(大约0.69)，因此，该激发组态决定565 nm电子吸收的跃迁性质。由表5－2和图5－5可以看出，HOMO轨道含有38%的d(Ru)轨道成分和51%的NCS配体成分，同时，LUMO轨道具有三联吡啶环配体的π^*轨道性质。因此，完全去质子化的染料分子0H的565 nm的电子吸收跃迁被指认为d(Ru)→π^*(tcterpy)电荷转移(MLCT)跃迁和NCS→π^*(tcterpy)电荷转移(LLCT)混合跃迁。

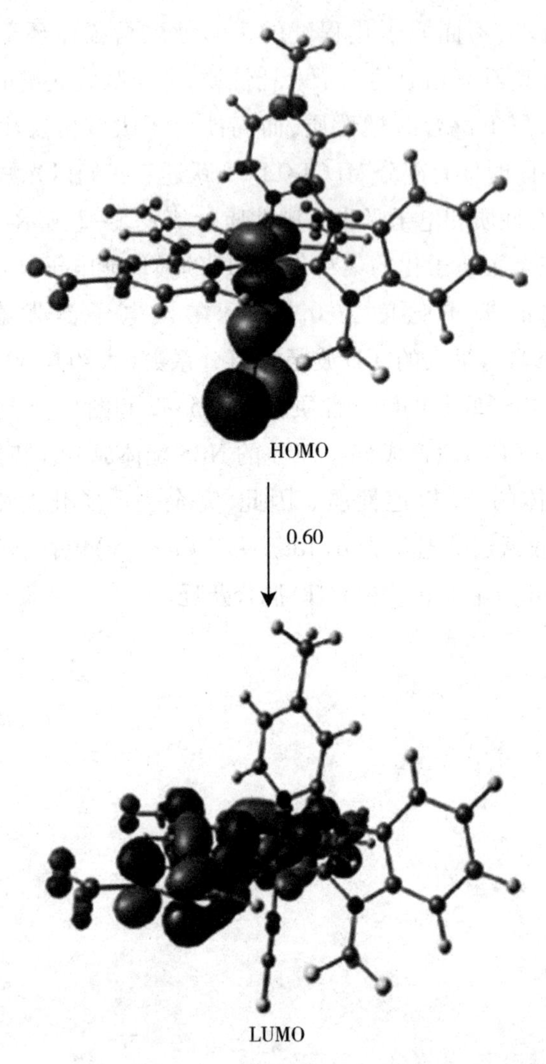

图 5-5 染料分子 0H 在 CH_3CN 中的 565 nm 电子吸收的单电子跃迁图

采用 N-杂环卡宾-吡啶配体替代两个 NCS 配体可使完全去质子化的染料分子 0H 的跃迁性质更丰富。染料分子 0H 的 C^1A 激发态在 471 nm 处产生电子吸收,如表 5-3 所示,该吸收主要由 HOMO→LUMO+2($|CI|=0.53$)激发组态贡献。由表 5-2 和图 5-6 可知,LUMO+2 轨道由 N-杂环卡宾-吡啶配体 π^* 反键轨道贡献,因此,471 nm 电子吸收具有 d(Ru)→π^*(NHC-py) 电荷转移(MLCT)和 NCS→π^*(NHC-py)电荷转移(LLCT)的混合跃迁性质。由上

面的讨论可以看出，完全去质子化的染料分子 0H 的低能电子吸收被 MLCT 和 LLCT 跃迁所控制。

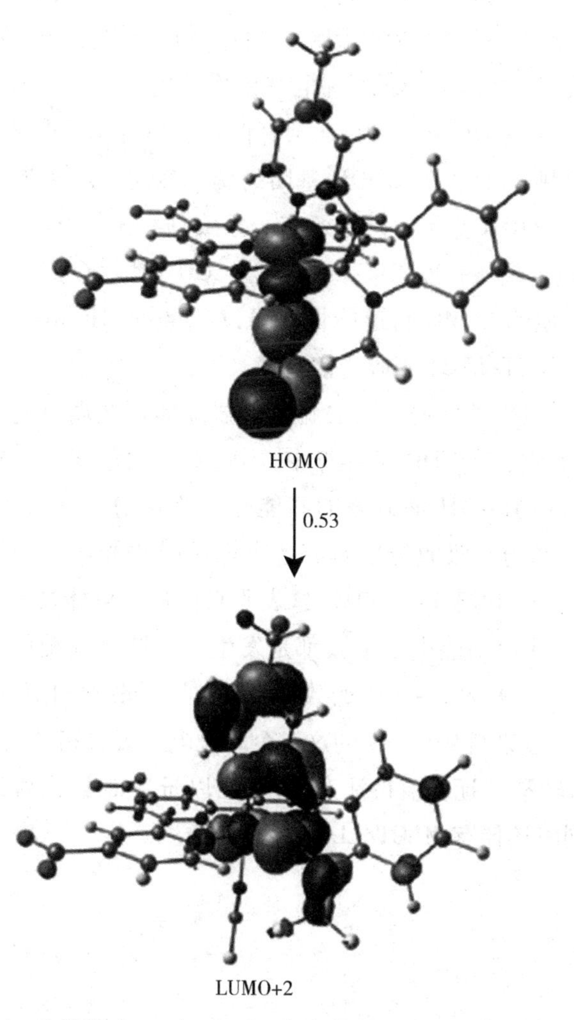

图 5－6　染料分子 0H 在 CH_3CN 中的 471 nm 电子吸收的单电子跃迁图

如表 5－3 所示，在电子吸收光谱的低能区（$\lambda > 400$ nm），不同质子化程度的去硫氰酸盐配体环金属钌光敏染料（1H、2H 和 3H）具有与完全去质子的去硫氰酸盐配体环金属钌光敏染料 0H 相似的跃迁本质。在 CH_3CN 溶液中，通过计算得到的不同质子化程度的染料分子 0H～3H 的最低能 MLCT/LLCT 吸收分别发生在565 nm、605 nm、650 nm和777 nm处。从染料分子0H~3H,随着质子化程度的加深,染料分子的低能电子吸收谱发生红移,这主要是由于COOH基团的吸电子能力比COO^-阴离子基团的吸电子能力强。因此,可以通过分析连接在三联吡啶配体上的附着官能团对三联吡啶配体的低能非占据轨道的影响,更好地理解当三联吡啶配体的羧基官能团质子化时,MLCT/LLCT跃迁会发生能量变化的现象:COOH基团的质子会降低官能团自身的电子密度,因此,增强了连接在三联吡啶配体上的COOH基团的诱导效应。对于带有COOH基团的三联吡啶配体,COOH基团的诱导效应会导致具有π^*(tcterpy)反键性质的LUMO轨道上的电子离域程度增强。因此,当COO^-阴离子基团质子化时,三联吡啶配体的π^*性质的LUMO轨道能量下降,从而导致HOMO-LUMO轨道能隙变小,因此,使MLCT/LLCT吸收光谱红移。

接下来讨论不同质子化程度的去硫氰酸盐配体环金属钌光敏染料的高能电子吸收的跃迁本质。在TDDFT计算中,不同质子化程度的去硫氰酸盐配体环金属钌光敏染料0H~3H最显著的高能电子吸收分别为315 nm、331 nm、340 nm和340 nm,该电子吸收分别具有各自电子吸收光谱中的最大的振子强度:0.2553、0.2193、0.4973和0.5049,这表明它们最有可能被实验观测到。根据表5-3可知,这4个高能电子吸收都是发生在三联吡啶配体内的电荷转移(ILCT),根据表5-2和表5-3中的数据,我们把不同质子化程度的去硫氰酸盐配体环金属钌光敏染料0H~3H的这4个高能电子吸收指认为π(tcterpy)→π^*(tcterpy)电荷转移跃迁。值得注意的是,在以$\pi\rightarrow\pi^*$跃迁性质为主的高能电子吸收区域,同时还伴有MLCT/LLCT混合跃迁。

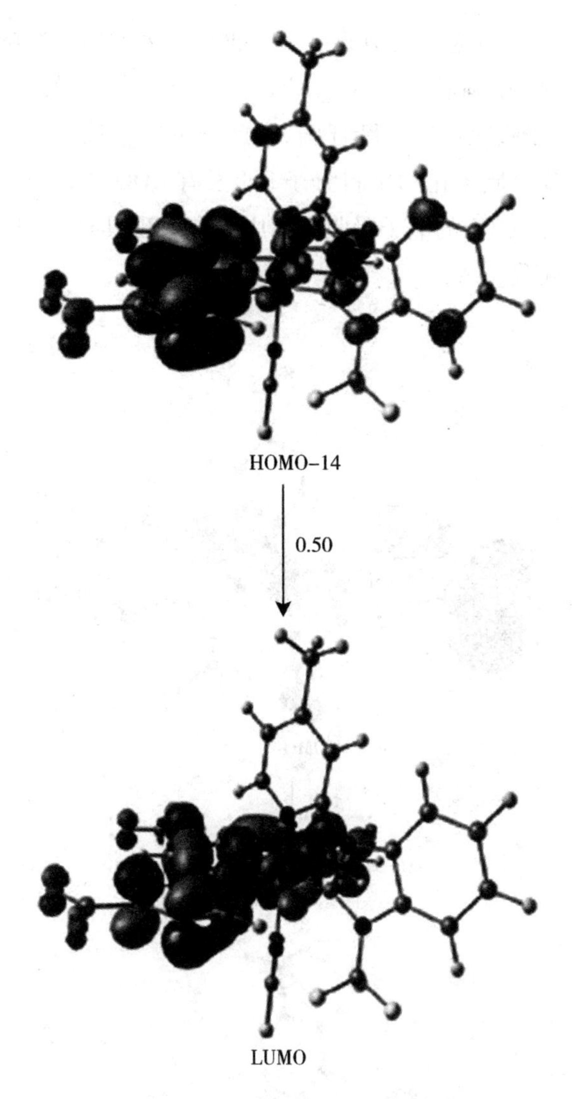

图5-7 染料分子0H在CH_3CN中的315 nm电子吸收的单电子跃迁图

此外,染料分子0H~2H分别在355 nm、398 nm和418 nm处的电子吸收具有ILCT跃迁性质。如表5-2和表5-3所示,染料分子0H的HOMO-10占据分子轨道,染料分子1H的H-8占据分子轨道,染料分子2H的H-5占据分子轨道均定域在COO^-阴离子基团,主要由p(O)轨道贡献,并且染料分子0H、1H和2H的LUMO非占据分子轨道具有三联吡啶配体的π^*轨道性质。因此,我们把染料分子 0H ~ 2H 的这一类型的电子吸收指认为发生三联吡啶配体内部的 p(O)→π*(tcterpy)电荷转移(ILCT)跃迁。在图 5-8 中给出了染料分子 0H 在 355 nm 处的电子吸收单电子跃迁图,由此图可以直观看出此类电子吸收的跃迁性质。因为完全质子化的染料分子 3H 没有 COO^- 阴离子基团,所以在完全质子化的染料分子 3H 的电子吸收光谱中没有发现具有 p(O)→π*(tcterpy)跃迁性质的电子吸收。

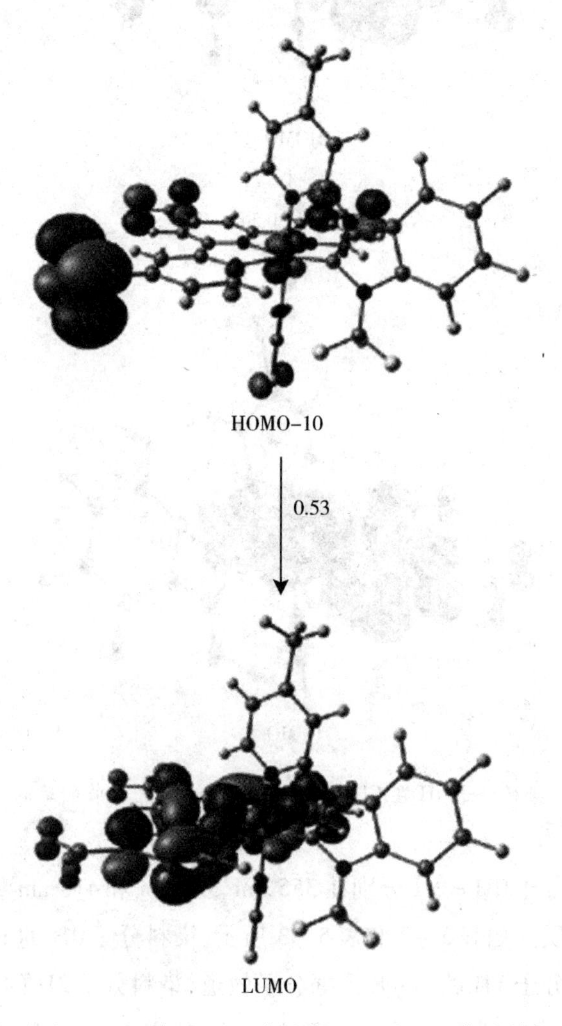

图 5-8 染料分子 0H 在 CH_3CN 中的 355 nm 电子吸收的单电子跃迁图

5.3.3.2　溶剂化效应对染料分子 0H～3H 电子吸收光谱的影响

为了研究溶剂化效应对不同质子化程度的去硫氰酸盐配体环金属钌光敏染料光谱性质的影响，计算了染料分子 0H～3H 在气态中的电子吸收光谱，计算得到的电子激发态、电子吸收波长和相应的振子强度，及对每个跃迁的指认均列于表 5－4 中。为了讨论溶剂化效应对分子轨道能级的影响，在图 5－9 中给出了不同质子化程度的去硫氰酸盐配体环金属钌光敏染料 0H～3H 在气态和 CH_3CN 溶液中的电子吸收光谱的轨道能级图。同时在图 5－10 中给出了不同质子化程度的去硫氰酸盐配体环金属钌光敏染料 0H～3H 在气态和在 CH_3CN 溶液中的 Gaussian 拟合吸收光谱图。

表 5－4　染料分子 0H～3H 在气态中的吸收光谱

染料分子	激发态	激发组态 (｜CI｜ coef.)	激发能/nm(eV)	振子强度	跃迁指认
0H	A^1A	H－3→L(0.51)	759(1.63)	0.0265	MLCT/LLCT
	B^1A	H－3→L＋1(0.47)	620(2.00)	0.0176	MLCT/LLCT
		H→L＋3(0.39)	—	—	ILCT
	C^1A	H－3→L＋4(0.38)	489(2.53)	0.0165	MLCT/LLCT
		H－3→L＋5(0.31)	—	—	MLCT/LLCT
1H	A^1A	H－2→L＋1(0.65)	756(1.64)	0.0284	MLCT/LLCT
	B^1A	H－2→L＋3(0.57)	593(2.09)	0.0227	MLCT/LLCT
	C^1A	H－10→L(0.66)	420(2.95)	0.0513	MLCT/LLCT
	D^1A	H－9→L＋1(0.34)	394(3.15)	0.0679	MLCT/LLCT
		H－8→L＋2(0.39)	—	—	MLCT/LLCT
		H－6→L＋6(0.36)	—	—	LLCT
	E^1A	H－10→L＋2(0.52)	346(3.58)	0.1036	MLCT/LLCT
		H－11→L (0.39)	—	—	π(tcterpy)→π^*(tcterpy)

续表

染料分子	激发态	激发组态 (|CI| coef.)	激发能/nm(eV)	振子强度	跃迁指认
2H	A^1A	H-3→L+1(0.70)	920(1.35)	0.0042	MLCT/LLCT
	B^1A	H-4→L+1(0.69)	891(1.39)	0.0058	MLCT/LLCT
	C^1A	H-2→L+2(0.64)	833(1.49)	0.0056	ILCT
	D^1A	H-4→L+3(0.46)	708(1.75)	0.0226	MLCT/LLCT
		H-3→L+3(0.51)	—	—	MLCT/LLCT
	E^1A	H-5→L(0.67)	569(2.18)	0.0277	MLCT/LLCT
	F^1A	H-7→L(0.50)	468(2.65)	0.0254	MLCT/LLCT
	G^1A	H-2→L+8(0.59)	433(2.86)	0.0223	ILCT
	I^1A	H-8→L(0.56)	372(3.33)	0.1409	π(tcterpy)→π^*(tcterpy)
3H	A^1A	H→L+2(0.71)	830(1.49)	0.0081	MLCT/LLCT
	B^1A	H→L+3(0.70)	759(1.63)	0.0058	MLCT/LLCT
	C^1A	H→L+4(0.68)	704(1.76)	0.0274	MLCT/LLCT
	D^1A	H-2→L(0.70)	571(2.17)	0.0234	MLCT/LLCT
	E^1A	H-1→L+5(0.36)	538(2.30)	0.0148	MLCT/LLCT
		H→L+5(0.60)	—	—	MLCT/LLCT
	F^1A	H-4→L(0.56)	480(2.58)	0.0149	MLCT/LLCT

由图5-9可知,与气态吸收光谱的轨道能量相比,溶剂化效应对染料分子的轨道能量有一定影响,并且对于不同质子化程度的染料分子,溶剂化效应对轨道能级的影响也是不同的。对完全脱质子化和单质子化的染料分子,溶剂化效应使染料分子0H和1H的HOMO与LUMO轨道更加稳定且轨道能量降低。与染料分子0H在气态的分子轨道能级相比,在CH_3CN溶液中,染料分子0H的HOMO和LUMO轨道能量分别降低了3.58 eV和4.57 eV。与染料分子0H相同,由于CH_3CN溶剂的影响,染料分子1H的HOMO和LUMO轨道能量分别降低了1.66 eV和2.60 eV,HOMO轨道能量降低的幅度比LUMO轨道能量降低的幅度大。因此,对于染料分子0H和1H来说,由于CH_3CN溶剂的影响它们的HOMO-LUMO轨道能隙变大,分别从气态中的1.94 eV和1.56 eV变到CH_3

CN 溶液中的 2.93 eV 和 2.50 eV。对于双质子化染料分子 2H，由于 CH_3CN 溶剂的影响，染料分子 2H 的 HOMO 轨道能量降低了 1.07 eV，而 LUMO 轨道能量升高了 0.47 eV。因此，CH_3CN 溶剂的影响导致 2H 的 HOMO－LUMO 轨道能隙变大，从气态中的 0.85 eV 变到 CH_3CN 溶液中的 2.39 eV。对于完全质子化的染料分子 3H，由于 CH_3CN 溶剂的影响，3H 的 HOMO 和 LUMO 轨道能量分别升高了 1.30 eV 和 2.38 eV，LUMO 轨道的能量升高的幅度比 HOMO 轨道能量升高的幅度大。因此，CH_3CN 溶剂的影响导致 3H 的 HOMO－LUMO 轨道能隙变大，从气态中的 1.22 eV 变到 CH_3CN 溶液中的 2.30 eV，并且溶剂化效应使得染料分子 0H～3H 的 HOMO 和 LUMO 轨道能量与 TiO_2 半导体导带能级与电解质中的氧化还原电对的氧化还原电势相匹配。

由表 5－3、表 5－4 和图 5－10 可以看出，溶剂化效应对不同质子化程度的去硫氰酸盐配体环金属钌光敏染料激发态的电子吸收有明显的影响，尤其对吸收强度和吸收波长存在显著的影响。本章计算了染料分子 0H～3H 在 200 nm～1000 nm 范围的电子吸收，发现 CH_3CN 溶剂化效应使得染料分子 0H～3H 在此波长范围内的电子吸收强度明显增加，尤其是高能电子吸收，并且 CH_3CN 的溶剂化效应使得染料分子 0H～3H 的电子跃迁性质更丰富，吸收波长发生蓝移。

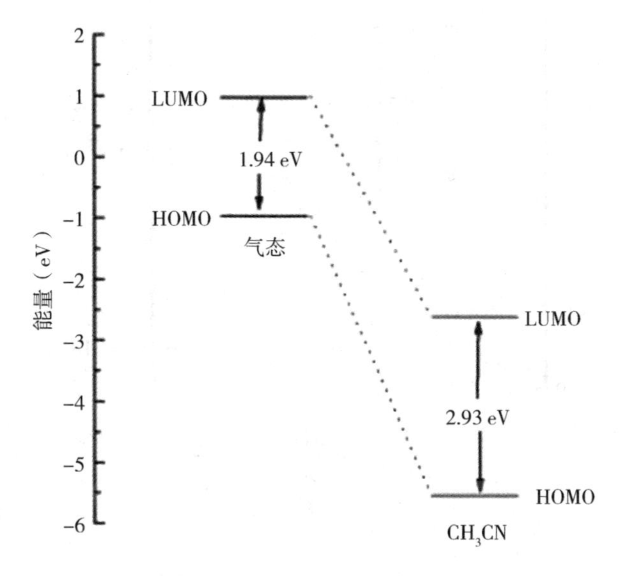

0H

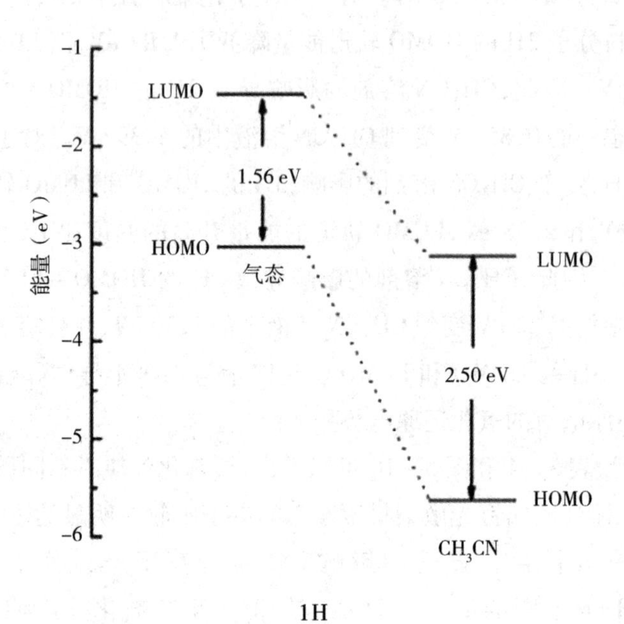

−1
−2
−3
−4
−5
−6
能量（eV）
LUMO
HOMO
1.56 eV
气态
LUMO
HOMO
2.50 eV
CH_3CN

1H

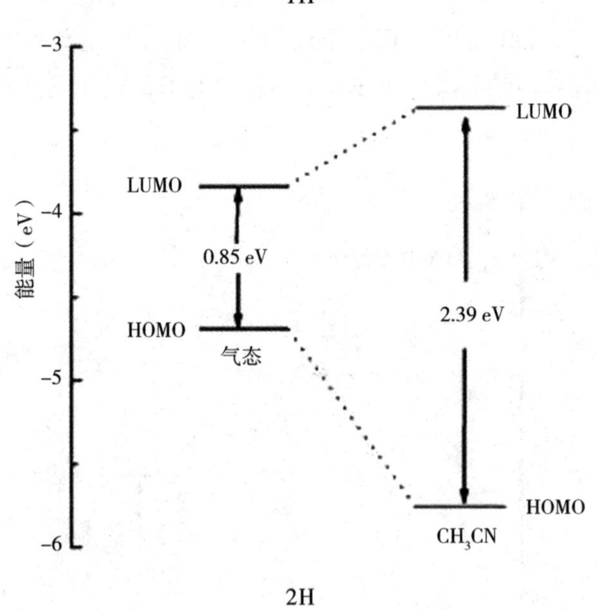

−3
−4
−5
−6
能量（eV）
LUMO
HOMO
0.85 eV
气态
LUMO
HOMO
2.39 eV
CH_3CN

2H

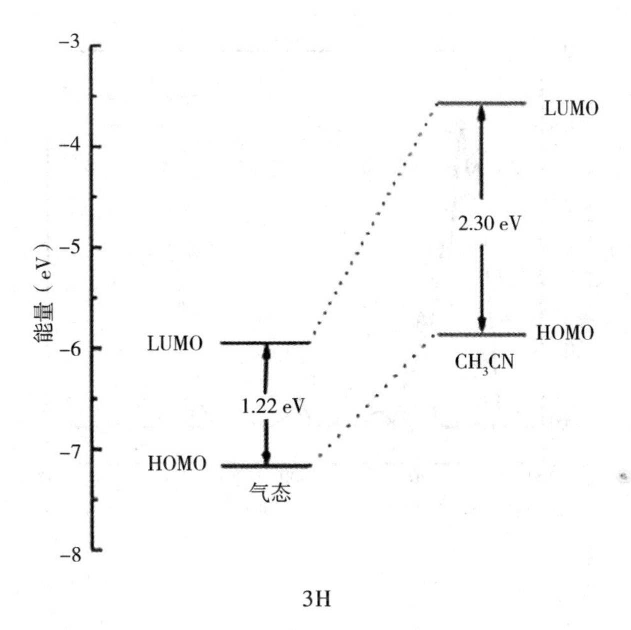

3H

图 5－9　0H～3H 在气态和 CH_3CN 溶液中的吸收光谱的 HOMO 与 LUMO 的轨道能级图

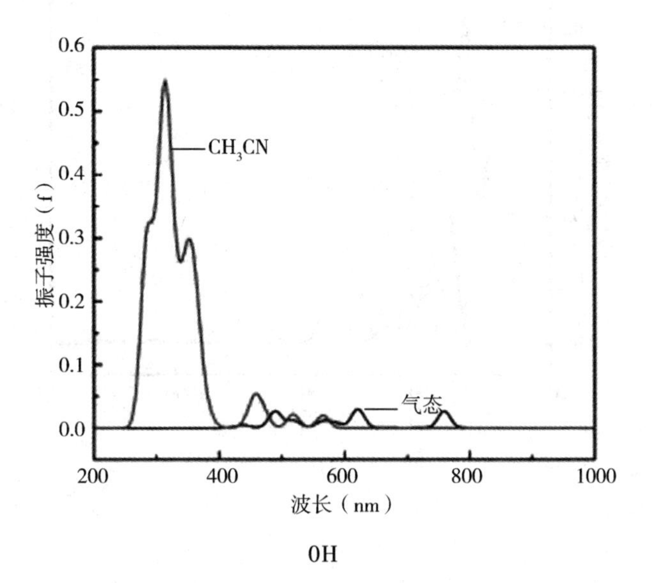

0H

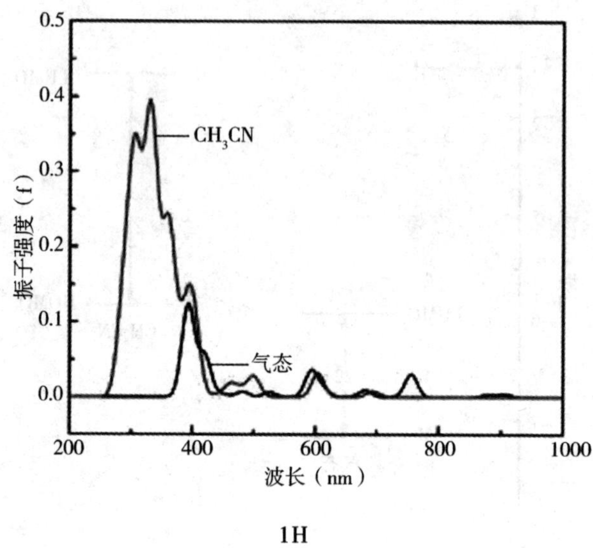

0.5
0.4
0.3
0.2
0.1
0.0
振子强度（f）
CH₃CN
气态
200
400
600
800
1000
波长（nm）

1H

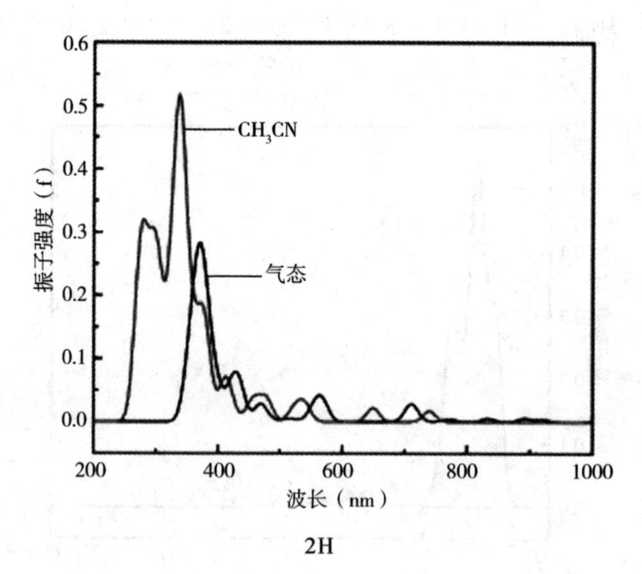

0.6
0.5
0.4
0.3
0.2
0.1
0.0
振子强度（f）
CH₃CN
气态
200
400
600
800
1000
波长（nm）

2H

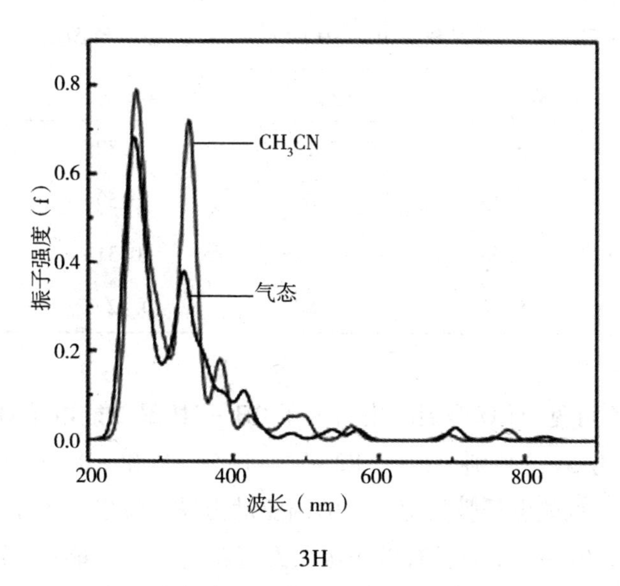

3H

图5－10　Gaussian 拟合的染料分子0H～3H在气态和 CH_3CN 溶液中的吸收光谱

5.3.4　染料分子0H～3H敏化性能的理论研究

5.3.4.1　染料电子注入过程的驱动力

染料与半导体界面上的电荷传输是影响染料敏化太阳能电池性能的一个重要因素。因此，染料激发态电子注入效率也是影响太阳能电池光电转换效率的一个重要因素。联吡啶钌染料的电子注入过程本质上也是电子由离散的染料激发态能级向一系列连续的半导体电子能级的迁移过程，而染料激发态电子注入效率与将电子从染料激发态注入半导体导带的驱动力（ΔG_{inj}）有关。染料激发态分子的氧化电位要比 TiO_2 半导体的导带能级高，才能为电子的注入过程提供有利的驱动力。当电子注入驱动力大于0.2 eV时，染料激发态电子注入效率接近于1。因此，为了描述染料激发态电子注入 TiO_2 半导体的导带中的驱动力的大小，计算了该过程的自由能变，驱动力 ΔG_{inj} 可由式（3.1）求得。

表 5-5 染料分子 0H~3H 的 E_{dye}、λ_{max}，ΔG_{inj} 和 ΔG_{reg}

染料分子	E_{dye} /eV	λ_{max} /eV	ΔG_{inj}/eV	ΔG_{reg}/eV
0H	5.37	2.19	-0.82	-0.77
1H	5.46	2.05	-0.59	-0.86
2H	5.60	1.91	-0.31	-1.00
3H	5.72	1.60	0.12	-1.12

由表 5-5 可见，计算得到的染料分子 0H~2H 最低能电子吸收激发态的电子注入驱动力 ΔG_{inj} 分别为（-0.82 eV、-0.59 eV 和 -0.31 eV），说明染料分子 0H~2H 最低能电子吸收都有足够的驱动力满足激发态电子的快速注入，因此，染料分子 0H~2H 的所有电子吸收跃迁都有足够的能量，完成有效的电子注入。而完全质子化的染料分子 3H 的最低能电子吸收激发态的 ΔG_{inj} 非常小，说明染料分子 3H 最低能电子吸收跃迁不能完成有效的电子注入。通过计算，得到染料分子 3H 的垂直激发能大于 1.92 eV(646 nm)时，才能有足够的驱动力完成有效的电子注入。

5.3.4.2 染料再生过程的驱动力

染料敏化太阳能电池的染料分子的激发态电子注入半导体的导带之后，染料分子变为氧化态，必须被电解质中的氧化还原电对（I^-/I_3^-）还原再生。染料分子的还原再生是染料敏化太阳能电池有效运行的重要条件。染料分子的再生效率通常被定义为，氧化态染料分子被电解质的氧化还原电对（I^-/I_3^-）还原而非被氧化态电极中的电荷复合的概率。染料分子的再生效率主要是由染料的再生驱动力决定的，而染料分子的再生驱动力可由式(3.2)求得。

计算得到的染料分子 0H~3H 的再生驱动力列于表 5-5 中，由表中数据可知，染料分子的再生驱动力随着质子化程度的加深呈规律性变大。

5.4 本章小结

为了研究质子化效应对去硫氰酸盐配体环金属联吡啶钌光敏染料[Ru(H_x

tcterpy)(CF_3－NHC－py)(NCS)]^y(x=0, 1, 2, 3; y=－2, －1, 0, 1)的结构和光谱行为的影响，本章利用 DFT 和 TDDFT 方法，结合 SCRF 中的 PCM 模型模拟溶剂化效应，系统地研究了不同质子化程度的染料分子 0H～3H 的几何结构、电子结构和光谱性质，并讨论了染料分子的电子注入效率和染料再生效率等影响染料性能的理论参数得到以下结论：

研究结果表明，质子化作用对染料分子的几何结构几乎无影响，因此，染料分子 0H～3H 具有相似的几何结构，均具有略微扭曲的八面体构型。

染料分子 0H～3H 的 HOMO 轨道都是由 Ru 原子的 d 轨道和硫氰酸盐配体(NCS)组成的，而 LUMO 轨道则定域在带羧基的三联吡啶配体的 π^* 轨道上。硫氰酸盐配体(NCS)对 HOMO 轨道的贡献和羧基官能团对 LUMO 轨道的贡献，在染料敏化太阳能电池的再生过程和电荷注入过程中起着重要的作用，质子化效应对染料分子的电子结构有一定的影响。在 CH_3CN 溶液中的吸收光谱中，不同质子化程度的染料分子 0H～3H 的 HOMO 和 LUMO 轨道的能量随着质子化程度的增加而降低，并且每一步质子化导致 LUMO 轨道的能量降低的幅度都比 HOMO 轨道大。因此，从 0H～3H，染料分子的 HOMO－LUMO 轨道能隙逐渐减小。

计算得到的染料分子 0H～3H 的最低能 MLCT/LLCT 吸收分别发生在 565 nm、605 nm、650 nm 和 777 nm 处。因为 COOH 基团的吸电子能力比 COO^- 阴离子基团的吸电子能力强，所以，随着染料分子质子化程度的增加，电子吸收光谱在低能区域的吸收波长红移。

通过计算染料分子的电子注入效率和染料再生效率，发现染料分子 0H～2H的所有电子吸收跃迁都有足够的驱动力完成有效的电子注入，而完全质子化的染料分子 3H 的最低能电子吸收跃迁不能完成有效的电子注入。通过计算得到染料分子 3H 的垂直激发能大于 1.92 eV(646 nm)时，才能有足够的驱动力完成有效的电子注入。同时，染料分子 0H～3H 的再生驱动力随着质子化程度的加深，是规律性变大的。因此，结合电子注入驱动力和染料再生驱动力两方面协同比较，双质子化的染料分子 2H 在该类去硫氰酸盐配体环金属联吡啶钌光敏染料[Ru($H_x$tcterpy)(CF_3－NHC－py)(NCS)]^y(x=0, 1, 2, 3; y=－2, －1, 0, 1)中具有最优良的敏化性能。

第 6 章　联吡啶钌配合物的电子结构和光谱性质的理论研究

6.1　引言

近年来,染料敏化纳米晶光电化学太阳能电池由于具有绿色环保、价格低廉且光电转换效率高等优点,越来越受到各国科研工作者的关注。染料分子是染料敏化纳米晶光电化学太阳能电池的光捕获天线,它的性能是决定电池转换效率的重要因素之一。为了获得理想的染料敏化剂,大量的染料分子被实验科学家合成并分析。其中最著名的染料敏化剂是 1993 年 Grätzel 等人合成的二联吡啶钌配合物敏化剂,即 N3 染料或红染料。N3 染料敏化的 TiO_2 电极在 480 ~ 600 nm 的波长范围内产生了接近 80% 的入射光子到电子的转换效率(IPCE),在 AM 1.5 模拟太阳光下产生了 17 mA 的短路光电流和 0.72 V 的开路光电压以及 10% 的总的能量转换效率。然而,N3 染料的主要缺点是缺少在可见光谱的红光区范围的光吸收。为了寻求更加出众的敏化剂,各国的研究者虽然合成了几百种其他的配合物,但它们对 TiO_2 的敏化效果仍无法超过 N3 染料。直到 1997 年,Grätzel 等人合成了一系列全色的三联吡啶钌配合物敏化剂,即“黑染料”,它的敏化区间扩展到近红外区 920 nm 处,并且 IPCE 仍高达 80%。黑染料在 AM 1.5 模拟太阳光下产生了 20.5 mA 的短路光电流和 0.72 V 的开路光电压以及 10.4% 的总的能量转换效率。

理想的染料分子需要满足以下几点要求:

(1)染料分子能够吸收 920 nm 以下的光,以便充分利用太阳光。

(2)染料分子的激发态能级与半导体的导带能级必须匹配,尽可能减少电子转移过程中的能量损失。

(3)染料分子应该具有羧基等官能团,这样染料分子才能牢固地吸附在半导体的表面。

(4)染料分子的氧化还原电位应该与电解液中氧化还原电对的电极电位匹配,以保证染料分子的再生。

(5)染料分子应该具有高的光稳定性和热稳定性,而所有这些因素都与染料分子的基态和激发态密切相关。因此,关于染料分子的光谱性质和电子结构的信息对于确定染料敏化太阳能电池的长期稳定性能、光吸收效率,以及半导体表面的电荷转移动力学等方面都是至关重要的。

Grätzel 等人对不同质子化程度的黑染料分子{$[Ru(tcterpy)(NCS)_3]^{4-}$(0H)、$[Ru(Htcterpy)(NCS)_3]^{3-}$(1H)、$[Ru(H_2tcterpy)(NCS)_3]^{2-}$(2H)和$[Ru(H_3tcterpy)(NCS)_3]^{3-}$(3H)(tcterpy = 4,4′,4″ - tricarboxy - 2,2′:6′,2″ - terpyridine)}进行了充分的表征。实验研究表明,黑染料分子 0H ~ 3H 在乙醇溶液中的最低能吸收分别为 590 nm、610 nm、620 nm 和 625 nm。同时 Grätzel 等人把黑染料分子 0H ~ 3H 在可见光区的吸收暂时指认为金属到配体的电荷转移跃迁,在紫外光区的吸收被指认为 $\pi \to \pi^*$ 电荷转移跃迁。黑染料在乙醇溶液中的吸收光谱具有 pH 依赖性,当溶液的 pH 值从 11 降到 5.0, 再降到 3.3, 最后降到 2.2,吸收光谱不断红移。这 4 种酸性环境与黑染料分子的 4 种质子化形式相对应,它们分别是完全脱质子化分子(0H)、单质子化分子(1H)、双质子化分子(2H)和完全质子化分子(3H)。此外,黑染料分子的发射光谱和激发态寿命也具有 pH 依赖性,并且与吸收光谱相似,黑染料分子的发射波长随溶液酸性的增加而红移。配合物分子 0H、1H、2H 和 3H 在乙醇溶液中的发射分别在 820 nm、854 nm、900 nm 和 950 nm 处产生。显而易见,不同的质子化程度影响了黑染料分子的电子结构和光谱性质,因此,在不同的酸性条件下,研究染料分子的基态和激发态的电子结构与光谱性质是很重要的。

与大量的实验研究相比,关于黑染料分子的理论研究却很少被报道。其中,Aiga 等人利用 DFT(PBE0)方法计算了完全质子化的黑染料分子气态的分子结构和电子结构。最近,有关完全质子化的黑染料分子和它的连接异构体的基态性质(如能量、几何和分子轨道布局分析)与吸收光谱性质的理论研究被报道。然而,到目前为止,对于黑染料分子涉及以下几方面详尽的理论研究还未见报道：

(1)激发态的几何结构和电子结构。

(2)发射光谱。

(3)质子化效应。

(4)溶剂化效应和溶剂化显色现象。

因此，在本章中，我们采用 DFT 理论、CIS 方法和 TD－DFT 方法计算了 4 个黑染料分子(0H～3H)的基态和激发态的几何结构、电子结构、吸收光谱、发射光谱性质，以及溶剂化显色性质。此外，我们还详尽地研究了质子化效应对黑染料分子的几何结构、电子结构和光学性质的影响。同时我们结合自洽反应场方法中的极化导体连续介质模型(CPCM)来模拟配合物在溶液中的行为。计算结果将会揭示此类配合物电荷转移跃迁的本质特征，能够使我们更加深刻地理解联吡啶钌配合物的敏化机制，同时对于研究染料敏化太阳能电池电荷注入的动力学过程以及制备更好的光敏化合物提供了理论参考。

6.2 计算方法

本章中，配合物 0H 的基态和激发态计算中始终保持 C_{2v} 对称性，而 1H、2H 和 3H 的基态和激发态计算中则采用 Cs 对称性。采用密度泛函理论中的 B3LYP 泛函和 CIS 方法分别优化了配合物的基态与激发态的几何结构。以上述计算为基础，利用含时密度泛函理论得到了配合物在气态和溶液中的激发态电子结构、电子吸收光谱和发射光谱，利用 SCRF 方法中的 CPCM 模型来模拟溶剂化效应。

众所周知，CIS 方法是计算大分子激发态的一种有效的方法，考虑到梯度的计算，CIS 方法可以计算分子在激发态水平下的平衡几何。在 CIS 计算水平下得到的键长、键角、频率，以及偶极距与实验数据符合得比较好。但是，在激发能的计算上，由于仅仅考虑了部分电子的相关作用，CIS 方法往往不能预测出合理的激发能。对大多数分子，尤其是过渡金属配合物，由 CIS 方法计算出来的激发能往往高于实验数据大约 1 eV。为了修正这种能量偏差，我们使用TDDFT 方法校正激发能。近十年来，用 TDDFT 方法计算激发能已经在很多文章中被报道过。通过在薛定谔方程中增加电子相关项，这种方法克服了许多在 CIS 计算垂直跃迁激发能时遇到的问题。尤其是这种方法计算的价层和里德堡态激发能和实验数据相差不超过0.3 eV,这种结果在TDDFT出现以前只能通过使用复杂的多组态自洽场方程才能得到。因此在本书中,为了得到可信的激发态几何和激发能,我们将这两种方法进行组合使用。即用CIS方法先优化化合物0H~3H的最低能三态激发态几何,然后保持几何构型,用TDDFT方法计算它们的垂直跃迁能。

计算中采用LanL2DZ基组,对Ru和S原子使用Hay和Wadt提出的准相对论赝势,Ru原子使用16个价电子,S使用6个价电子。因此,计算中使用的基组为:Ru (8s7p6d/6s5p3d), S (3s3p1d/2s2p1d), O (10s5p/3s2p), N (10s5p/3s2p), C (10s5p/3s2p) 和H (4s/2s)。所以,对0H的计算包括359个基函数和262个电子,对1H的计算包括361个基函数和262个电子,对2H的计算包括363个基函数和262个电子,对3H的计算包括365个基函数和262个电子。所有计算均使用Gaussian 03程序,在Origin/3900服务器上完成。

6.3 结果与讨论

6.3.1 基态结构

用DFT(B3LYP)方法优化了0H~3H的基态稳定结构,优化结果表明配合物0H具有$^1A_1$基态,而配合物1H~3H具有$^1A'$基态。计算得到的主要几何参数列于表6-1中,同时给出了X射线衍射测得的配合物[Ru(H_2tcterpy)$(NCS)_3$]$(NBu)_2^+$的晶体结构数据,并在图6-1中给出了配合物0H~3H的几何结构图。如图6-1所示,由于Ru(Ⅱ)原子采用低自旋的$4d^65s^0$电子组态,所以配合物0H~3H均具有以RuN_6为中心的扭曲的八面体构型,其中三联吡啶环配体、Ru(Ⅱ)原子和一个NCS配体位于xy平面,而另外两个NCS配体则略微倾斜于z轴。

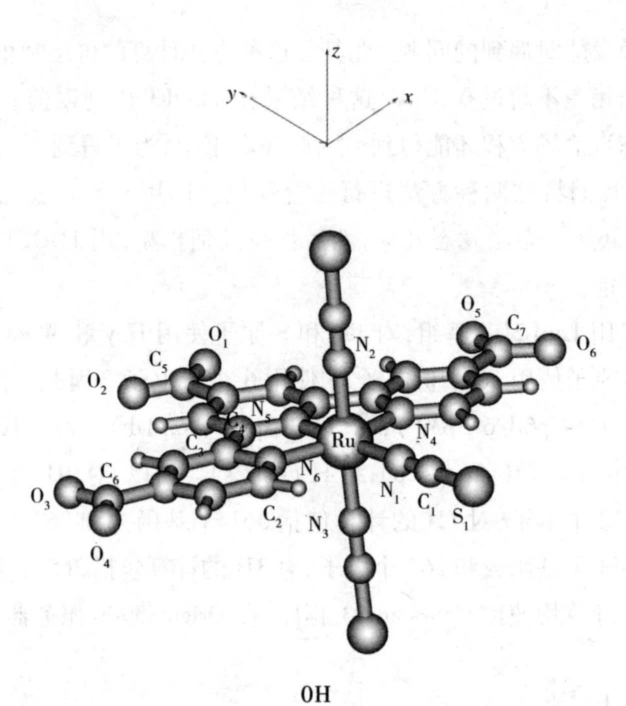
z
y
x
O5
C7
O6
O1
N2
C5
O2
N5
C4
Ru
N4
C3
N6
C6
N1
C1
O3
S1
C2
N3
O4
0H

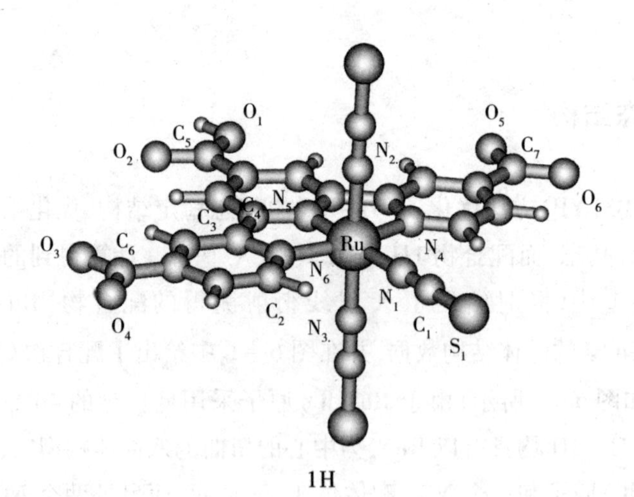
O1
O5
C5
C7
O2
N2
N5
O6
C4
C3
Ru
N4
O3
C6
N6
N1
C2
C1
O4
N3
S1
1H

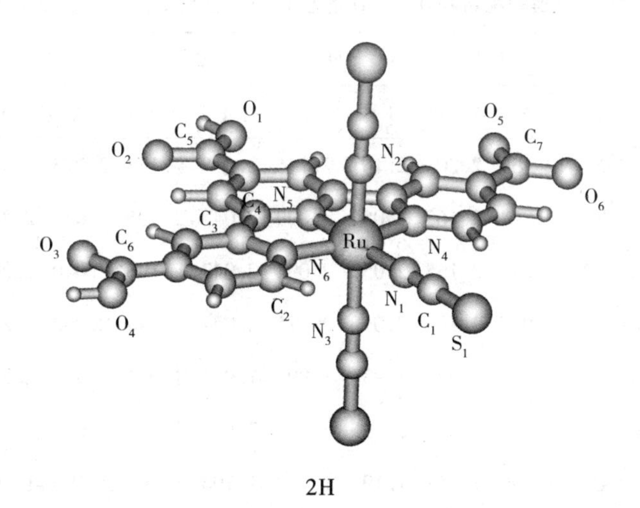

2H

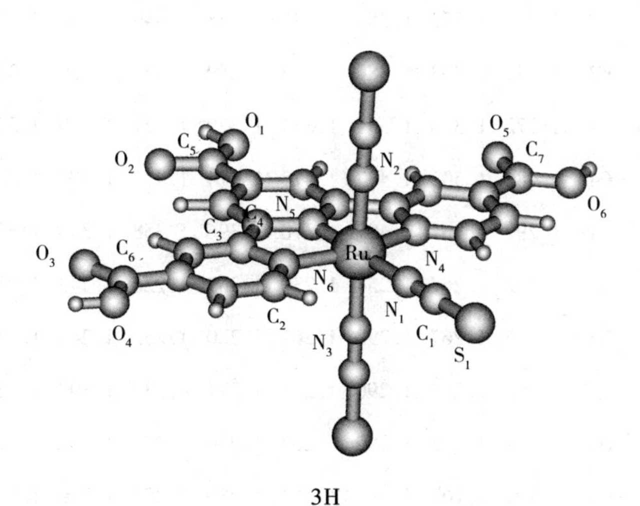

3H

图 6－1　配合物 0H～3H 基态的结构图

表 6-1 计算得到的配合物 0H~3H 的基态和三重激发态几何参数及实验数据

几何参数		0H		1H		2H		3H		实验数据
		$^1A_1$	$^3A_1$	1A′	$^3A'$	$^1A'$	$^3A'$	$^1A'$	$^3A'$	
键长(Å)	Ru—N1	2.139	2.208	2.107	2.146	2.088	2.133	2.073	2.412	2.052
	Ru—N2	2.074	2.165	2.057	2.099	2.047	2.106	2.040	2.240	2.032
	Ru—N3	2.074	2.165	2.057	2.098	2.047	2.106	2.040	2.240	—
	Ru—N4	2.097	2.183	2.099	2.175	2.074	2.148	2.062	2.220	—
	Ru—N5	1.974	2.042	1.938	1.994	1.941	1.991	1.937	2.232	1.936
	Ru—N6	2.097	2.183	2.099	2.175	2.074	2.148	2.062	2.220	2.090
	N1—C1	1.190	1.158	1.192	1.159	1.193	1.161	1.195	1.163	—
	N6—C2	1.357	1.353	1.357	1.340	1.358	1.340	1.358	1.328	—
	N6—C3	1.387	1.363	1.384	1.365	1.389	1.373	1.389	1.357	—
	N5—C4	1.372	1.360	1.381	1.354	1.379	1.357	1.379	1.322	—
	C3—C4	1.484	1.502	1.477	1.475	1.474	1.477	1.473	1.500	—
	C5—O1	1.292	1.267	1.407	1.370	1.396	1.358	1.396	1.353	—
	C5—O2	1.292	1.267	1.254	1.230	1.252	1.226	1.248	1.216	—
	C6—O3	1.292	1.267	1.290	1.264	1.280	1.253	1.245	1.216	—
	C6—O4	1.292	1.267	1.290	1.264	1.374	1.339	1.390	1.352	—
	C7—O5	1.292	1.267	1.290	1.264	1.280	1.253	1.245	1.216	—
	C7—O6	1.292	1.267	1.290	1.264	1.280	1.253	1.390	1.352	—
键角/(°)	N6—Ru—N5	79.6	79.6	80.2	78.7	80.41	79.1	80.5	74.9	81.1
	N6—Ru—N4	159.2	156.2	160.3	157.4	160.8	158.2	161.1	149.8	161.6
	N2—Ru—N3	176.8	178.1	177.1	179.8	177.4	177.3	177.4	172.6	177.4
	N1—Ru—N6	100.4	101.9	99.8	101.3	99.6	100.9	99.5	105.1	101.4

如表 6-1 所示,计算得到的几何参数和实验数据吻合得很好,并且与 Aiga 等人利用 PBE0 方法计算得到的结果一致。在简单的 Dewar、Chatt 和 Duncanson

模型中,化学键相互作用可以被描述为从配体(如 CN^- 或 SCN^-)的一个 σ 分子轨道到金属原子的一个空的 d 轨道的配位,同时存在着一个从金属充满的(半充满的)d 轨道到配体的 π^* 反键轨道的反馈配位。这两个过程可以互相促进和加强。由于多吡啶配体具有定域在 N 原子上的 σ 配位轨道和离域在吡啶环配体上的 π 配位轨道以及 π^* 反键轨道,因此,在多吡啶钌配合物中,Ru 原子与 π^* 反键轨道之间的反馈配位是很显著的。在本章所研究的 4 个配合物分子中:计算得到的 Ru—N5 键长比 Ru—N4 和 Ru—N6 键长短 0.12 ~ 0.16 Å,然而 Ru—N1 键长却比 Ru—N2 和 Ru—N3 键长长 0.03 ~ 0.07 Å。此外,值得注意的是,吡啶环的 N—C 键长为 1.35 ~ 1.38 Å,比 N—C 单键键长短约 0.1 Å,这是吡啶环 N 原子的孤对电子离域的结果。

我们还注意到,每一步的质子化都会导致 Ru—N 键长缩短 0.01 ~ 0.04 Å。在完全质子化的配合物(3H)中,Ru—N1、Ru—N2、Ru—N4 和 Ru—N5 的键长分别为 2.073 Å、2.040 Å、2.062 Å 和 1.937 Å;而在完全脱质子的配合物(0H)中,这些参数分别变为 2.139 Å、2.074 Å、2.097 Å 和 1.974 Å。

6.3.2　吸收光谱

6.3.2.1　电子结构

对前线分子轨道本质的研究对于讨论后面的光谱性质和激发态是很有用的,因为它们控制着电子激发和跃迁的性质。为了说明质子化对轨道能级的影响,我们把配合物 0H ~ 3H 的部分前线分子轨道按能量列于图 6 - 2 中。我们在表 6 - 2 中列出了配合物 0H 在乙醇溶液中的部分前线分子轨道的成分,在表 6 - 3 中列出了配合物 1H ~ 3H 在乙醇溶液中的部分前线分子轨道的成分,并且在图 6 - 3 中列出了配合物 0H 在乙醇溶液中的前线分子轨道电子云图。

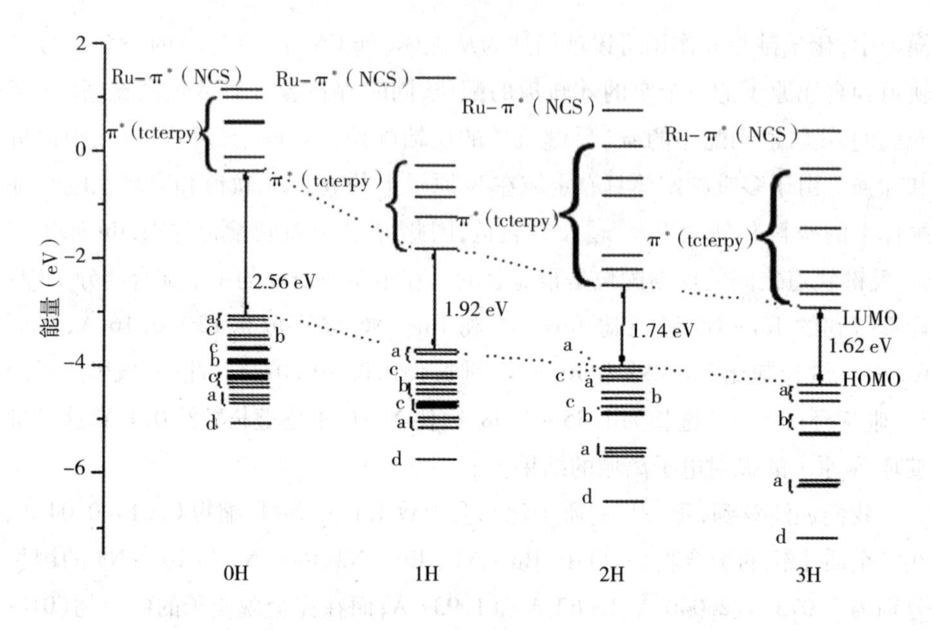

图 6-2 TDDFT 计算得到的 0H~3H 在乙醇溶液中的吸收光谱的部分分子轨道能级图

对于配合物 0H~3H,占据分子轨道的组成是相似的。如图 6-2 所示,较高能量的占据分子轨道可以被分为 4 种类型,分别用 a、b、c 和 d 来表示。a 型占据分子轨道是由 Ru 原子的 d 轨道和 NCS 配体的 π 轨道组成的反键形式的轨道。b 型占据分子轨道是一组纯的 NCS π 轨道。从 a 型和 b 型占据分子轨道的性质我们可以看出,较高能量的占据分子轨道具有显著的硫氰酸盐配体(NCS)特征,在 N3 染料的研究中已经发现了类似的性质,并且这个特征对染料敏化太阳能电池的再生起着重要的作用。c 型占据分子轨道主要定域在 COO^- 阴离子配体上,并且金属成分几乎完全消失。d 型占据分子轨道定域在三联吡啶配体上的 π 成键轨道。在配合物 0H、1H 和 3H 中,HOMO、HOMO-1 和 HOMO-2 是 Ru 原子的 d 轨道和 NCS 配体轨道组成的反键形式的轨道,然而在配合物 2H 中,一个主要由羧基的氧孤对电子贡献组成的分子轨道(HOMO-1)插入到 3 个具有 Ru(d)-NCS 性质的分子轨道之间。此外,我们还注意到,在具有 Ru(d)-NCS 性质的占据分子轨道中,金属 Ru 的 d 轨道贡献从配合物 0H~3H 逐渐减少(见表 6-2 和表 6-3),这种趋势是 COOH 基团的吸电子能力比 COO^- 阴离子基团的吸电子能力强导致的。

表 6 - 2　0H 在乙醇溶液中电子吸收跃迁涉及的分子轨道的成分

分子轨道	能量/eV	组成 / %				轨道性质
		Ru	terpy	COO^-	NCS	
$59a_1$	1.1816	49.0	22.9	0.6	27.5	$s/p_y/d_{x^2-y^2}$(Ru) - π^*(NCS)
$23b_1$	1.1755	1.3	90.7	7.9	0.1	π^*(tcterpy)
$12a_2$	0.5181	3.4	89.3	7.2	0.1	π^*(tcterpy)
$22b_1$	0.4909	0.8	91.4	7.6	0.2	π^*(tcterpy)
$11a_2$	-0.2204	2.5	96.0	1.4	0.2	π^*(tcterpy)
$21b_1$(L)	-0.4637	7.7	86.1	4.2	3.1	π^*(tcterpy)
HOMO - LUMO 能级						
$20b_1$(H)	-3.0270	46.7	11.3	0.7	41.3	d_{yz}(Ru) - π^*(NCS)
$10a_2$	-3.0665	50.1	7.7	0.5	41.5	d_{xz}(Ru) - π^*(NCS)
$43b_2$	-3.2798	49.6	16.6	0.5	33.2	d_{xy}(Ru) - π^*(NCS)
$42b_2$	-3.7473	0.0	18.6	81.2	0.1	p_x/p_y(COO^-)
$19b_1$	-3.7636	0.3	0.5	0.0	99.3	π^*(NCS)
$41b_2$	-3.7808	0.0	16.7	82.7	0.7	p_x/p_y(COO^-)
$58a_1$	-3.7813	0.1	16.9	83.0	0.0	p_x/p_y(COO^-)
$40b_2$	-3.8777	0.3	4.1	0.3	95.3	π^*(NCS)
$57a_1$	-3.8896	0.1	1.7	0.0	98.2	π^*(NCS)
$9a_2$	-4.0548	0.1	3.5	95.8	0.6	p_z(COO^-)
$8a_2$	-4.0956	0.0	1.5	98.5	0.0	p_z(COO^-)
$7a_2$	-4.3541	31.7	16.8	2.3	49.2	d_{xz}(Ru) - π^*(NCS)
$6a_2$	-5.0712	2.5	94.5	1.7	1.2	π(tcterpy)

表 6-3 1H~3H 在乙醇溶液中电子吸收跃迁涉及的分子轨道的成分

分子轨道	能量/eV	组成 / %				轨道性质
		Ru	tcterpy	COO^-	NCS	
				1H		
102a′	1.4727	44.5	26.5	0.6	28.3	$d_{z^2}/d_{x^2-y^2}$(Ru) − π^*(NCS)
35a″	0.1075	1.0	91.4	7.4	0.2	π^*(tcterpy)
34a″	−0.0215	3.2	89.8	6.9	0.1	π^*(tcterpy)
33a″	−0.5646	0.8	76.6	21.5	1.1	π^*(tcterpy)
32a″	−1.0830	1.9	97.2	0.8	0.1	π^*(tcterpy)
31a″(L)	−1.7777	14.5	57.8	23.7	4.0	π^*(tcterpy)
30a″(H)	−3.6970	40.6	5.1	0.3	53.9	d_{xz}(Ru) − π^*(NCS)
29a″	−3.7160	30.5	16.5	3.2	49.8	d_{yz}(Ru) − π^*(NCS)
101a′	−3.9226	35.3	13.2	0.6	50.9	d_{xy}(Ru) − π^*(NCS)
100a′	−4.1549	0.1	18.3	81.4	0.3	p_x/p_y(coo^-)
99a′	−4.1656	0.1	18.2	81.4	0.3	p_x/p_y(coo^-)
28a″	−4.2077	0.2	0.5	0.2	99.0	π^*(NCS)
98a′	−4.3419	0.4	4.5	0.2	94.7	π^*(NCS)
97a′	−4.3555	0.1	1.8	0.0	98.2	π^*(NCS)
27a″	−4.4447	0.0	1.7	98.2	0.0	p_z(COO^-)
96a′	−4.4458	0.2	37.3	62.3	0.3	p_x/p_y(COO^-)
26a″	−4.4551	0.0	1.6	98.2	0.2	p_z(COO^-)
95a′	−4.4594	0.2	37.2	62.3	0.1	p_x/p_y(COO^-)
25a″	−5.0224	43.5	19.1	1.6	35.8	d_{xz}(Ru) − π^*(NCS)
94a′	−5.0584	50.7	20.3	0.5	28.4	d_{xy}(Ru) − π^*(NCS)
24a″	−5.2227	40.5	16.2	2.1	41.3	d_{yz}(Ru) − π^*(NCS)
23a″	−5.8665	1.6	97.1	0.7	0.6	π(tcterpy)

续表

分子轨道	能量/eV	组成 / %				轨道性质
		Ru	tcterpy	COO^-	NCS	
			2H			
35a″	-0.4120	1.2	92.2	6.4	0.1	π^*(tcterpy)
34a″	-0.9578	1.7	75.9	20.0	0.7	π^*(tcterpy)
33a″	-1.6996	0.4	94.8	5.7	0.1	π^*(tcterpy)
32a″	-2.0863	6.2	60.6	32.2	1.1	π^*(tcterpy)
31a″(L)	-2.4126	13.8	62.9	19.2	4.3	π^*(tcterpy)
30a″(H)	-4.1528	30.2	10.3	1.8	57.7	d_{xz}/d_{yz}(Ru) - π^*(NCS)
101a′	-4.1539	0.3	17.9	81.6	0.1	p_x/p_y(COO^-)
29a″	-4.1759	27.0	12.8	2.2	57.9	d_{xz}/d_{yz}(Ru) - π^*(NCS)
100a′	-4.3620	27.6	11.8	0.3	60.4	d_{xy}(Ru) - π^*(NCS)
28a″	-4.4959	0.0	1.9	97.5	0.7	p_z(COO^-)
27a″	-4.5631	0.2	0.7	0.5	98.7	π^*(NCS)
99a′	-4.6818	0.2	34.8	64.8	0.2	p_x/p_y(COO^-)
98a′	-4.7215	0.5	4.3	0.2	95.0	π^*(NCS)
97a′	-4.7272	0.1	1.9	0.1	98.0	π^*(NCS)
26a″	-5.5721	48.1	21.0	2.4	28.4	d_{xz}(Ru) - π^*(NCS)
96a′	-5.6249	56.1	22.9	0.1	20.8	d_{xy}(Ru) - π^*(NCS)
25a″	-5.7487	44.9	17.5	2.1	35.6	d_{yz}(Ru) - π^*(NCS)
24a″	-6.4832	3.1	95.0	0.4	1.3	π(tcterpy)
			3H			
103a′	0.7772	33.7	45.2	3.5	17.6	$d_{z^2}/d_{x^2-y^2}$(Ru) - π^*(NCS)
102a′	0.4041	42.2	34.4	1.8	21.6	$d_{z^2}/d_{x^2-y^2}$(Ru) - π^*(NCS)
37a″	-0.1807	1.0	53.9	44.3	0.8	π^*(tcterpy)

续表

分子轨道	能量/eV	组成 / %				轨道性质
		Ru	tcterpy	COO^-	NCS	
36a″	-0.2618	0.7	80.5	18.5	0.1	π^*(tcterpy)
35a″	-1.4447	0.5	83.5	15.6	0.5	π^*(tcterpy)
34a″	-2.1867	0.5	86.4	13.1	0.0	π^*(tcterpy)
33a″	-2.4934	3.4	62.6	33.2	0.8	π^*(tcterpy)
32a″	-2.6338	8.1	71.8	19.4	0.7	π^*(tcterpy)
31a″(L)	-2.9933	13.1	64.4	17.2	5.4	π^*(tcterpy)
30a″(H)	-4.6110	20.8	18.5	2.7	58.1	d_{yz}(Ru) - π^*(NCS)
29a″	-4.6197	25.0	6.2	1.1	67.7	d_{xz}(Ru) - π^*(NCS)
101a′	-4.7974	22.8	10.1	0.0	67.1	d_{xy}(Ru) - π^*(NCS)
28a″	-4.9397	0.3	1.0	0.1	98.6	π^*(NCS)
100a′	-5.1057	0.1	1.8	0.0	98.2	π^*(NCS)
99a′	-5.1093	0.6	4.4	0.0	94.9	π^*(NCS)
27a″	-6.1964	55.6	18.4	2.0	24.0	d_{xz}(Ru) - π^*(NCS)
98a′	-6.2181	58.9	24.4	0.1	16.5	d_{xy}(Ru) - π^*(NCS)
26a″	-6.2886	48.8	17.1	2.2	32.0	d_{yz}(Ru) - π^*(NCS)
25a″	-7.2641	1.8	96.2	1.0	0.9	π(tcterpy)

通过分析配合物0H~3H的前5个空轨道的成分,发现它们主要由定域在三联吡啶配体上的 π^* 反键轨道成分贡献,其中有相当一部分是来自羧基基团的贡献。由于在染料敏化太阳能电池中,染料分子是通过羧基基团才能牢固地吸附在 TiO_2 半导体的表面,因此,羧基基团对 π^* LUMO 的贡献有利于电子从染料分子的激发态注入半导体的导带上。这是羧基基团的吸电子性质能够降低 π^* LUMOs 的能量,使染料分子激发态的 LUMO 与 TiO_2 半导体的 Ti(3d) 轨道(导带)之间的电子耦合增强。

通过比较在乙醇溶液中的不同质子化程度的配合物分子 0H ~ 3H 的分子轨道能级，我们发现羧基基团的质子化使占据分子轨道和空分子轨道更加稳定。由于羧基基团在三联吡啶配体上，因此，质子化作用对 LUMO 影响更大，这是因为质子化的羧基基团电子密度的增加会导致 π^* LUMO 的能量降低。因此，每一步质子化，LUMO 轨道能量下降的幅度比 HOMO 轨道能量下降的幅度大，从而导致配合物 0H ~ 3H 的 HOMO - LUMO 能隙从 2.56 eV 下降到 1.62 eV（配合物 0H、1H、2H 和 3H 的 HOMO - LUMO 能隙分别为 2.56 eV、1.92 eV、1.74 eV 和 1.62 eV）。在 N3 染料及其衍生配合物分子中也发现了相似的规律。

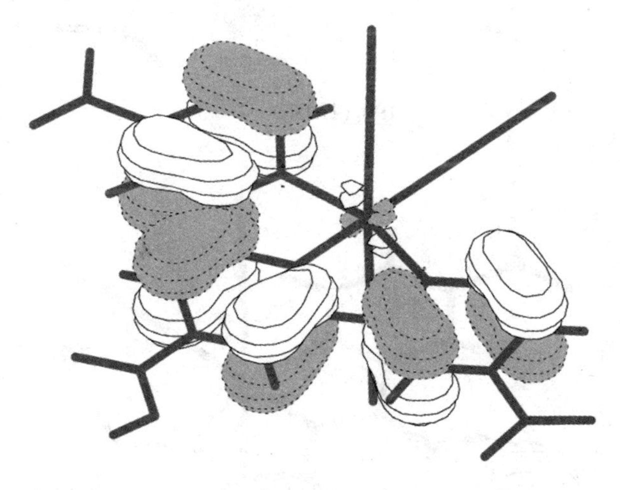

$6a_2$ (HOMO - 18)

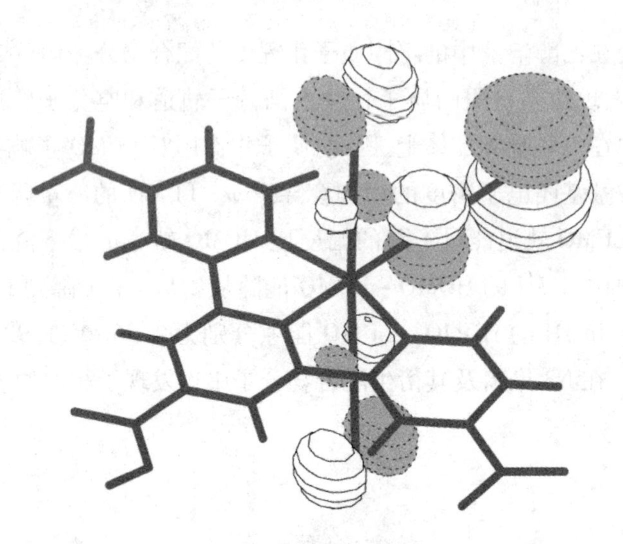

$19b_1$(HOMO－4)

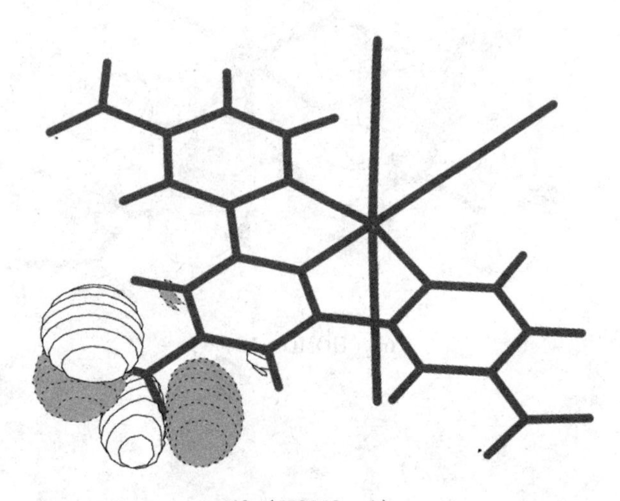

$42b_2$(HOMO－3)

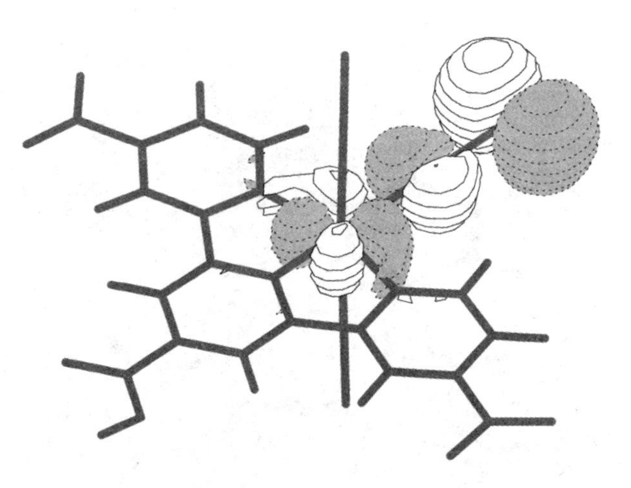

$43b_2$(HOMO - 2)

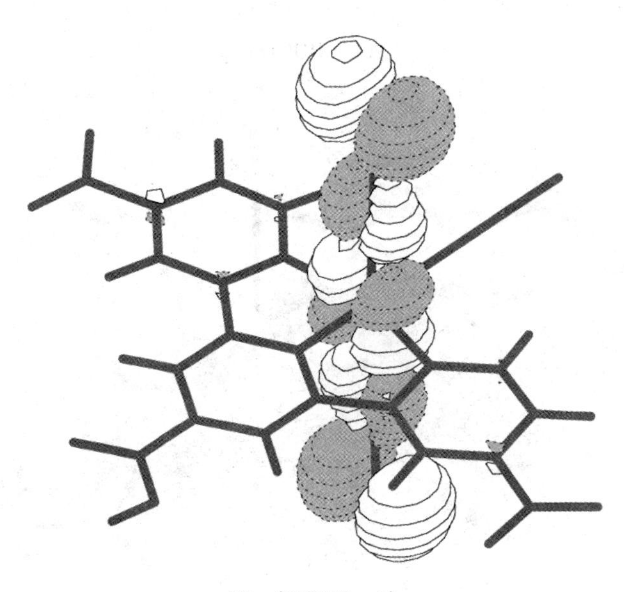

$10a_2$(HOMO - 1)

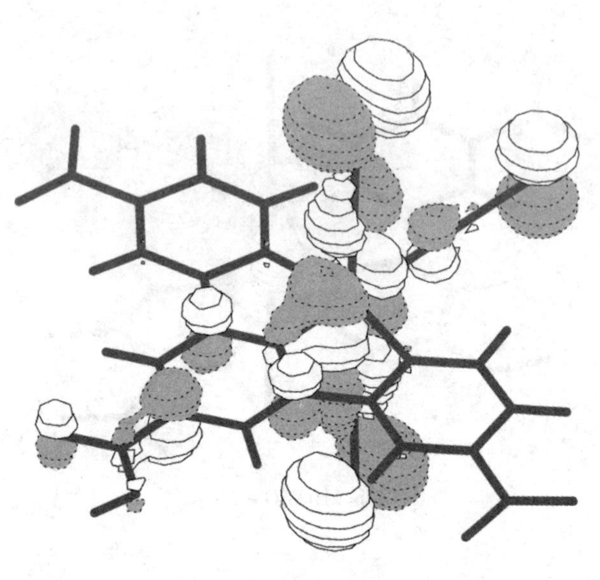

$20b_1$(HOMO)

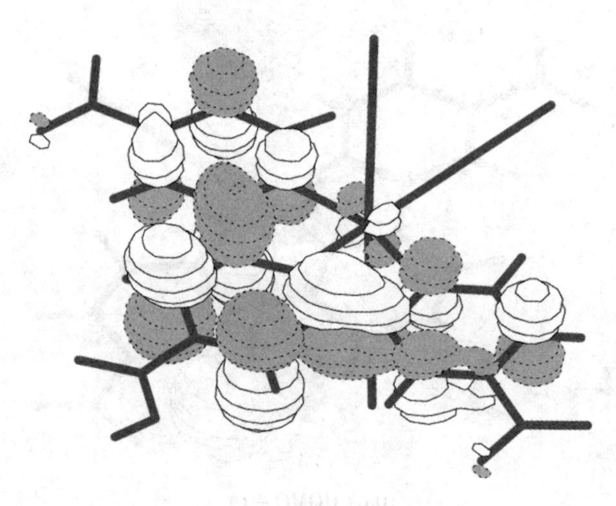

$21b_1$(LUMO)

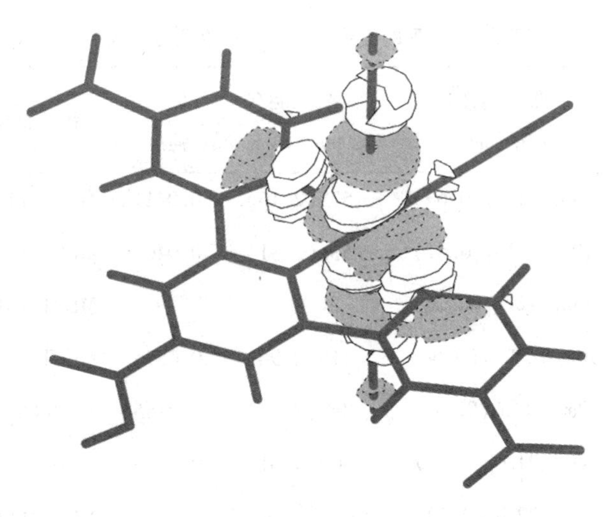

$59a_1$ (LUMO +5)

图6-3 配合物0H在乙醇溶液中的部分前线分子轨道电子云图

6.3.2.2 吸收光谱

以基态结构为基础,通过TDDFT计算得到了激发态对应配合物0H~3H的吸收。以上述计算为基础,结合SCRF方法中CPCM模型来考虑溶剂化效应,得到了配合物0H~3H在乙醇溶液中的电子吸收光谱。计算得到的激发态、吸收波长和相应的振子强度,以及对每个跃迁的指认列于表6-4中,同时给出了配合物0H~3H在乙醇溶液中的吸收光谱的实验数据,在图6-4中给出了基于配合物0H~3H在乙醇溶液中计算得到的所有激发态,并用Gaussian函数拟合吸收光谱。

如表6-4所示,在乙醇溶液中,计算得到的配合物0H的最低能吸收为575 nm,吸收振子强度为0.0411。我们把575 nm的吸收与实验观察到的590 nm最低能吸收对应。在激发态中,$20b_1$(HOMO)→$11a_2$(LUMO+1)组态具有最大的|CI|波函数组合系数(大约0.69),它决定该吸收的跃迁性质。由表6-2可以看出,$20b_1$轨道(HOMO)含有46.7%的d_{yz}(Ru)轨道贡献和41.3%的NCS配体成分,而$11a_2$轨道(LUMO+1)是定域在整个三联吡啶环配体的π^*轨道。因此,配合物0H的570 nm的吸收跃迁被指认为d_{yz}(Ru)→π^*(tcterpy)电荷转移(MLCT)和NCS→π^*(tcterpy)电荷转移(LLCT)跃迁。

表 6-4 TDDFT 计算得到的配合物 0H~3H 在乙醇溶液中的吸收光谱

	激发态	激发组态 (lCIl coef.)	激发能/nm (eV)	振子强度	跃迁指认	实验数据/nm[a]
0H	A^1B_2	$20b_1 \to 11a_2(0.69)$	575(2.16)	0.0411	MLCT/LLCT	590
	B^1A_1	$10a_2 \to 11a_2(0.61)$	538(2.31)	0.0407	MLCT/LLCT	528
		$20b_1 \to 21b_1(0.26)$	—	—	MLCT/LLCT	—
	C^1B_2	$10a_2 \to 22b_1(0.68)$	419(2.96)	0.0875	MLCT/LLCT	400
	D^1A_1	$9a_2 \to 11a_2(0.67)$	382(3.25)	0.0185	ILCT	—
	E^1B_2	$6a_2 \to 21b_1(0.57)$	309(4.01)	0.2676	$\pi \to \pi^*$	338, 326
		$7a_2 \to 22b_1(0.20)$	—	—	MLCT/LLCT	—
	F^1B_2	$43b_2 \to 59a_1(0.72)$	303(4.09)	0.0273	MC	—
	G^1B_2	$8a_2 \to 22b_1(0.21)$	301(4.12)	0.0212	ILCT	—
		$9a_2 \to 22b_1(0.62)$	—	—	ILCT	—
1H	A^1A'	$29a'' \to 32a''(0.69)$	617(2.01)	0.0268	MLCT/LLCT	—
	B^1A'	$28a'' \to 31a''(0.48)$	592(2.09)	0.1300	LLCT/LMCT	610
		$30a'' \to 32a''(0.42)$	—	—	MLCT/LLCT	—
	C^1A''	$97a' \to 31a''(0.70)$	591(2.10)	0.0443	LLCT/LMCT	—
	D^1A'	$25a'' \to 31a''(0.58)$	496(2.50)	0.0221	MLCT/LLCT	542
		$30a'' \to 33a''(0.40)$	—	—	MLCT/LLCT	—
	E^1A'	$24a'' \to 31a''(0.50)$	417(2.98)	0.0228	MLCT/LLCT	413
		$30a'' \to 34a''(0.42)$	—	—	MLCT/LLCT	—
	F^1A'	$26a'' \to 33a''(0.66)$	357(3.47)	0.0164	ILCT	—
	G^1A'	$23a'' \to 31a''(0.46)$	343(3.61)	0.1536	$\pi \to \pi^*$	339,328
		$24a'' \to 32a''(0.47)$	—	—	MLCT/LLCT	—
	H^1A'	$94a' \to 102a'(0.22)$	325(3.81)	0.0248	d→d	—

续表

	激发态	激发组态 (lCIl coef.)	激发能/ nm (eV)	振子强度	跃迁指认	实验数据 /nm[a]
		101a′→102a′(0.41)	—	—	d→d	—
	I^1A'	25a″→33a″(0.53)	318(3.91)	0.1283	MLCT/LLCT	—
		26a″→34a″(0.32)	—	—	ILCT	—
2H	A^1A'	29a″→32a″(0.63)	770(1.61)	0.0623	MLCT/LLCT	—
	B^1A'	27a″→31a″(0.46)	699(1.77)	0.1064	LLCT/LMCT	—
		29a″→33a″(0.21)	—	—	MLCT/LLCT	—
	C^1A''	97a′→31a″(0.68)	674(1.84)	0.0451	LLCT/LMCT	—
	D^1A'	29a″→33a″(0.61)	645(1.92)	0.0369	MLCT/LLCT	620
		30a″→33a″(0.22)	—	—	MLCT/LLCT	—
	E^1A'	26a″→31a″(0.49)	510(2.43)	0.0213	MLCT/LLCT	542
		27a″→33a″(0.45)	—	—	LLCT	—
	F^1A'	25a″→32a″(0.41)	413(3.00)	0.0751	MLCT/LLCT	413
		26a″→32a″(0.45)	—	—	MLCT/LLCT	—
	G^1A'	28a″→35a″(0.68)	353(3.51)	0.0266	ILCT	—
	H^1A'	24a″→31a″(0.60)	347(3.58)	0.2341	$\pi\to\pi^*$	342, 329
		25a″→33a″(0.27)	—	—	MLCT/LLCT	—
3H	A^1A'	30a″→32a″(065)	862(1.44)	0.0426	MLCT/LLCT	—
	B^1A'	29a″→33a″(0.65)	754(1.64)	0.0781	MLCT/LLCT	—
	C^1A'	29a″→32a″(0.20)	689(1.80)	0.1218	MLCT/LLCT	625
		30a″→33a″(0.57)	—	—	MLCT/LLCT	—
	D^1A'	28a″→33a″(0.68)	597(2.08)	0.0622	LLCT	—
	E^1A'	27a″→31a″(0.66)	513(2.42)	0.0529	MLCT/LLCT	556
	F^1A'	26a″→32a″(0.68)	416(2.98)	0.0199	MLCT/LLCT	429

续表

激发态	激发组态 (lCIl coef.)	激发能/nm (eV)	振子强度	跃迁指认	实验数据/nm[a]
G^1A'	25a″→31a″(0.64)	334(3.71)	0.2745	$\pi\to\pi^*$	344, 330
H^1A'	98a′→102a′(0.26)	318(3.90)	0.0320	d→d	—
	101a′→102a′(0.47)	—	—	—	—

配合物 0H 的 B^1A_1 和 C^1B_2 激发态分别在 538 nm 和 419 nm 处产生电子吸收,分别与实验数据的 528 nm 和 400 nm 的吸收相对应。通过表 6 – 4 可知,538 nm吸收主要由 $10a_2\to11a_2$(|CI| =0.61) 和 $20b_1\to21b_1$(|CI| =0.26)激发组态贡献,419 nm 吸收主要由 $10a_2\to22b_1$(|CI| =0.68)激发组态贡献。由表 6 – 2可知,$10a_2$轨道(HOMO – 1)含有 50.1% 的 d_{xz}(Ru)贡献和 41.5% 的 NCS 配体 π 轨道贡献,而在 $21b_1$轨道(LUMO) 和 $22b_1$轨道(LUMO +2)中,三联吡啶环配体的 π^* 反键轨道起主导作用。因此,538 nm 和 419 nm 吸收具有 d_{yz}和/或 d_{xz}(Ru)→π^*(tcterpy) 电荷转移(MLCT)和 NCS→π^*(tcterpy) 电荷转移(LLCT)的混合跃迁性质。由上面的讨论可以看出,配合物 0H 的低能吸收被 MLCT 和 LLCT 跃迁所控制。在实验研究中,把配合物 0H 在乙醇溶液中在 400 ~ 590 nm 范围之间的电子吸收归属为 MLCT 电荷转移跃迁。

如表 6 – 4 所示,在吸收光谱的低能区(λ >400 nm),不同程度质子化的配合物分子(1H、2H 和 3H)具有与完全脱质子的配合物 0H 相似的跃迁本质。在乙醇溶液中,计算得到的配合物 0H ~ 3H 的最低能 MLCT/LLCT 吸收分别为 575 nm、617 nm、770 nm 和 862 nm。从 0H ~ 3H,配合物的低能吸收谱发生红移,这主要是 COOH 基团的吸电子能力比 COO^- 阴离子基团的吸电子能力强导致的。此外,我们可以通过分析这些连接在配体上的官能团对三联吡啶配体的低能空轨道的影响,从而更好地理解当三联吡啶配体引入 COOH 官能团时,MLCT/LLCT 跃迁会发生能量变化的现象。COOH 基团的质子会降低官能团本身的电子密度,从而增强连接在三联吡啶配体上的 COOH 官能团的诱导效应。对于带有 COOH 基团的三联吡啶配体,COOH 官能团的诱导效应导致在三联 π^*(terpy) LUMO 轨道上的电子离域程度增强。因此,当向 COO^- 阴离子基团中引入质子时，三联吡啶配体的 π^* LUMO 轨道能量下降，HOMO - LUMO 轨道能隙变小，从而使 MLCT/LLCT 吸收光谱红移。

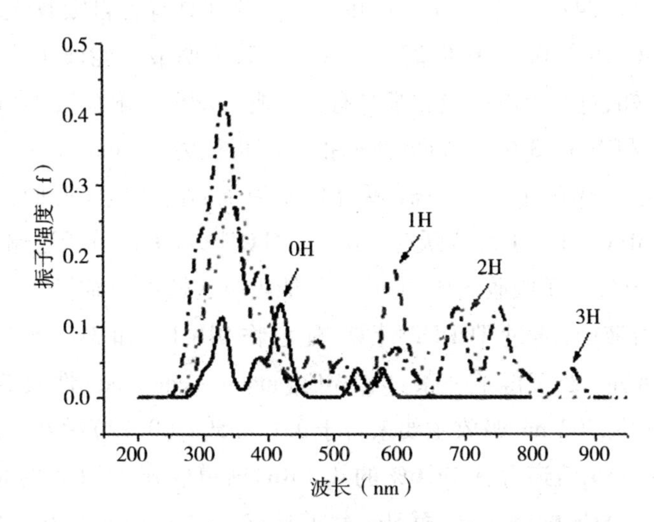

图6-4　Gaussian 拟合的配合物0H~3H在乙醇溶液中的吸收光谱

与完全脱质子的配合物0H比较，质子化的配合物1H~3H在低能吸收区有特殊的跃迁性质，即中等强度的LLCT/LMCT吸收。在配合物1H中，一个LLCT/LMCT跃迁发生在591 nm，该跃迁主要来自于97a′→31a″（|CI|=0.70）激发组态，并被指认为NCS→π^*(tcterpy)和NCS→d_{yz}(Ru)的混合跃迁。与配合物1H相比，配合物2H在699 nm和674 nm的两个LLCT/LMCT电子吸收具有较强的强度，并且699 nm吸收被归属为NCS→π^*(tcterpy)电荷转移(LLCT)，NCS→d_{xz}(Ru)+d_{yz}(Ru)电荷转移(LMCT)跃迁，并混有少量的d_{xz}(Ru)+d_{yz}(Ru)→π^*(tcterpy)(MLCT)跃迁，674 nm吸收被指认为NCS→π^*(tcterpy)电荷转移(LLCT)和NCS→d_{xz}(Ru)+d_{yz}(Ru)电荷转移(LMCT)跃迁。在配合物3H中，在597 nm处产生纯的LLCT跃迁吸收，该吸收主要由28a″→33a″（|CI|=0.68）激发组态贡献，并被指认为NCS→π^*(tcterpy)电荷转移(LLCT)跃迁。值得注意的是，吸收跃迁性质与占据轨道的轨道成分有关。从0H~3H，最高占据轨道的金属钌的成分逐渐减少，而硫氰酸盐配体的成分逐渐增多。因此，从配合物0H~3H，在乙醇溶液中的低能电子吸收的MLCT性质

逐渐减少,而 LLCT 性质逐渐增强。综合上述讨论,我们认为配合物 1H ~ 3H 的低能电子吸收具有 MLCT 和/或 LLCT 性质,并伴有少量的 LMCT 跃迁。

在 TDDFT 计算中,配合物 0H ~ 3H 的最显著的高能电子吸收分别为 309 nm、343 nm、347 nm 和 334 nm,并且它们分别具有各自吸收光谱中的最大的振子强度:0.2676、0.1536、0.2341 和 0.2745,表明最可能被实验观察到。通过表 6 - 4 可知,这 4 个电子吸收都具有三联吡啶配体内电荷转移(ILCT)性质,根据表 6 - 2 和表 6 - 3 中的数据,我们把它们指认为 π(tcterpy)$\rightarrow\pi^*$(tcterpy)电荷转移跃迁。然而,在以 $\pi\rightarrow\pi^*$ 跃迁性质为主的高能电子吸收区域,同时还伴有少量的 MLCT/LLCT 混合跃迁。确实,MLCT/LLCT 性质跃迁遍布整个配合物的 UV - visible 电子吸收光谱,并且在低能吸收区域更加显著。

在乙醇溶液中,通过 TDDFT 计算,配合物 0H、1H 和 3H 分别在 303 nm、325 nm和 318 nm 处获得了一条具有 MC (metal - centered)性质的高能吸收。在配合物 0H 中,303 nm 吸收主要来自于 $43b_2\rightarrow59a_1$(0.72)激发组态贡献。如表 6 - 2 所示,$43b_2$轨道含有 49.6% 的 d_{xy}(Ru)轨道成分,16.6% 的 terpy 配体成分和 33.2% 的 NCS 配体成分,而 $59a_1$轨道具有 7% 的 s(Ru)、16% 的 p_y(Ru)、26% 的 d_{z^2}(Ru)轨道成分,22.9% 的 terpy 配体成分和 27.5% 的 NCS 配体成分。因此,我们把配合物 0H 在 303 nm 处的电子吸收指认为金属中心的 Ru(d_{xy})$\rightarrow$ Ru(s) + Ru(p_y) + Ru(d_{z^2}) (MC) 跃迁。从表 6 - 3 和表 6 - 4 可知,与配合物 0H 不同,配合物 1H 和 3H 分别发生在 325 nm 和 318 nm 处的电子吸收被归属为金属中心的 d - d 跃迁[Ru(d_{xy})$\rightarrow$Ru(d_{z^2}) + Ru($d_{x^2-y^2}$)]。

此外,配合物 0H 在 382 nm 和 301 nm,配合物 1H 在 357 nm 和 318 nm 以及配合物 2H 在 353 nm 的高能电子吸收均具有 ILCT 跃迁性质。如表 6 - 2 和表 6 - 3所示,配合物 0H 的 $8a_2$和 $9a_2$占据分子轨道,配合物 1H 的 26a″占据分子轨道以及配合物 2H 的 28a″占据分子轨道均定域在 COO^- 阴离子基团,主要由 p_z(O)轨道贡献,并且配合物 0H 的 $11a_2$和 $22b_1$空轨道,配合物 1H 的 33a″和 34a″空轨道以及配合物 2H 的 35a″空轨道主要集中在三联吡啶配体的 π^* 轨道上。因此,我们把配合物 0H ~ 2H 的这一类型的电子吸收指认为发生配体内部的 p_z(O)$\rightarrow\pi^*$(tcterpy)电荷转移(ILCT)跃迁。因为完全质子化的配合物 3H 没有 COO^- 阴离子基团,所以,在配合物 3H 的电子吸收光谱中没有发现具有 p_z(O)$\rightarrow\pi^*$(tcterpy)跃迁性质的吸收。

6.3.2.3 溶剂化效应

为了研究溶剂化效应对光谱性质的影响,我们还计算了配合物0H～3H在气态和水溶液中的吸收光谱,计算得到的激发态、吸收波长和相应的振子强度,以及对每个跃迁的指认列于表6－5和表6－6中。在表6－7和表6－8中分别列出了配合物0H～3H在气态与水溶液中的部分前线分子轨道成分。为了讨论溶剂化效应对轨道能级的影响,我们在图6－5中给出了0H～3H在气态和溶液中的吸收光谱的轨道能级图,同时我们在图6－6中给出了配合物0H－3H在气态、乙醇溶液和水溶液中的拟合吸收光谱。

从图6－5、表6－7和表6－8中,我们可以看出溶剂化效应对分子轨道能级和分子轨道的成分都有一定的影响。配合物0H～3H的LUMO轨道在气态和乙醇溶液中保持相似的轨道成分,均是由三联吡啶配体上的π^*轨道组成的。配合物0H和1H的HOMO轨道同样保持相似的轨道成分,均是由Ru的d轨道和NCS配体组成的。而配合物2H的HOMO轨道在气态和乙醇溶液中分别拥有不同的轨道组成:在乙醇溶液中,HOMO轨道由30.2%的d(Ru)轨道和57.7%的NCS配体成分组成;而在气态中,HOMO轨道主要是由COO^-阴离子基团的氧孤对电子贡献。配合物3H的HOMO轨道在气态和乙醇溶液中具有相似的轨道性质,但是各原子轨道的组成略微有不同,在乙醇溶液中,金属Ru对HOMO轨道的贡献比在气态中少。

表6－5 TDDFT计算得到的配合物0H～3H在气态中的吸收光谱

	激发态	激发组态 (ICII coef.)	激发能/nm (eV)	振子强度	跃迁指认
0H	A^1B_2	131→133(0.69)	560(2.21)	0.0369	MLCT/LLCT
	B^1A_1	130→133(0.61)	526(2.36)	0.0335	MLCT/LLCT
	C^1B_2	130→134(0.68)	416(2.98)	0.0780	MLCT/LLCT
	D^1A_1	122→133(0.70)	379(3.27)	0.0154	ILCT

续表

	激发态	激发组态（ICII coef.）	激发能/nm（eV）	振子强度	跃迁指认
	E^1B_2	113→132(0.57)	309(4.01)	0.2350	π→π*
		116→134(0.20)	—	—	MLCT/LLCT
	F^1B_2	122→134(0.34)	301(4.11)	0.0415	ILCT
		129→137(0.37)	—	—	d→d
	G^1B_2	119→135(0.45)	298(4.16)	0.0194	ILCT
		120→134(0.50)	—	—	ILCT
1H	A^1A'	127→132(0.62)	637(1.95)	0.0411	MLCT/LLCT
		131→133(0.30)	—	—	MLCT/LLCT
	B^1A''	124→132(0.69)	626(1.98)	0.0458	LLCT/LMCT
	C^1A'	131→133(0.58)	603 (2.06)	0.0898	MLCT/LLCT
	D^1A'	131→134(0.65)	488 (2.54)	0.0385	MLCT/LLCT
	E^1A'	117→132(0.27)	424 (2.92)	0.0140	MLCT/LLCT
		121→133 (0.60)	—	—	ILCT
	F^1A'	116→132(0.30)	348 (3.56)	0.0942	π→π*
		117→133(0.59)	—	—	MLCT/LLCT
	G^1A'	119→134(0.23)	325 (3.82)	0.0437	MLCT/LLCT
		129→138(0.36)	—	—	d→d
		129→141(0.36)	—	—	d→d
	H^1A'	123→135(0.48)	317(3.91)	0.0158	ILCT
		123→136(0.48)	—	—	ILCT
2H	A^1A'	129→133(0.55)	869(1.43)	0.0590	MLCT/LLCT
	B^1A'	125→133(0.20)	765(1.62)	0.0827	LLCT/LMCT
		128→133(0.38)	—	—	ILCT

续表

	激发态	激发组态 (ICII coef.)	激发能/nm (eV)	振子强度	跃迁指认
		130→133(0.39)	—	—	MLCT/LLCT
	C^1A''	125→133(0.58)	658(1.89)	0.1106	LLCT/LMCT
	D^1A'	122→132(0.57)	542(2.29)	0.0351	MLCT/LLCT
		122→133(0.24)	—	—	MLCT/LLCT
	E^1A'	120→133(0.31)	445(2.79)	0.0728	MLCT/LLCT
		122→133(0.46)	—	—	MLCT/LLCT
	F^1A'	128→136(0.65)	370(3.35)	0.0237	ILCT
	G^1A'	119→132(0.50)	366(3.39)	0.1368	$\pi\to\pi^*$
		120→134(0.42)	—	—	MLCT/LLCT
3H	A^1A'	130→134(0.26)	943(1.31)	0.0333	MLCT/LLCT
		131→133(0.62)	—	—	MLCT/LLCT
	B^1A'	130→134(0.61)	837(1.48)	0.0707	MLCT/LLCT
	C^1A'	128→134(0.28)	745(1.66)	0.0782	LLCT
		131→134(0.50)	—	—	MLCT/LLCT
	D^1A'	128→134(0.61)	667(1.86)	0.1010	LLCT
		131→134(0.22)	—	—	MLCT/LLCT
	E^1A'	125→132(0.64)	530(2.34)	0.0492	MLCT/LLCT
	F^1A'	125→134(0.65)	407(3.04)	0.1646	MLCT/LLCT
	G^1A'	122→132(0.61)	336(3.69)	0.1716	$\pi\to\pi^*$
	H^1A'	124→139(0.26)	322(3.85)	0.0277	d→d
		129→139(0.50)	—	—	d→d

表 6-6 TD-DFT 计算得到的配合物 0H~3H 在水溶液中的吸收光谱

	激发态	激发组态（ICII coef.）	激发能/nm（eV）	振子强度	跃迁指认
0H	A^1B_2	131→133(0.69)	574(2.16)	0.0423	MLCT/LLCT
	B^1A_1	130→133(0.61)	537(2.31)	0.0429	MLCT/LLCT
		131→132(0.26)	—	—	MLCT/LLCT
	C^1B_2	130→134(0.68)	418(2.96)	0.0905	MLCT/LLCT
	D^1A_1	120→133(0.42)	380(3.26)	0.0192	ILCT
		122→133(0.56)	—	—	ILCT
	E^1B_2	113→132(0.50)	310(4.00)	0.2726	$\pi\to\pi^*$
		120→134(0.23)	—	—	ILCT
		121→135(0.23)	—	—	ILCT
	F^1B_2	113→132(0.20)	304(4.08)	0.0393	$\pi\to\pi^*$
		129→137(0.42)	—	—	MC
		129→139(0.30)	—	—	MC
	G^1B_2	120→134(0.43)	300(4.14)	0.0154	ILCT
		122→134(0.53)	—	—	ILCT
1H	A^1A'	126→132(0.61)	572(2.17)	0.1191	LLCT/LMCT
		131→133(0.26)	—	—	MLCT/LLCT
	B^1A''	124→132(0.70)	563(2.20)	0.0411	LLCT/LMCT
	C^1A'	119→132(0.48)	481(2.58)	0.0413	MLCT/LLCT
		131→134(0.48)	—	—	MLCT/LLCT
	D^1A'	117→132(0.44)	411(3.02)	0.0125	MLCT/LLCT
		131→135(0.45)	—	—	MLCT/LLCT
	E^1A'	116→132(0.47)	339 (3.66)	0.1761	$\pi\to\pi^*$/
		117→133(0.44)	—	—	MLCT/LLCT

续表

	激发态	激发组态 (ICII coef.)	激发能/nm (eV)	振子强度	跃迁指认
	F^1A'	129→137(0.42)	325 (3.82)	0.0249	d→d
		129→140(0.32)	—	—	d→d
	G^1A'	119→134(0.46)	313 (3.96)	0.1258	MLCT/LLCT
		121→135(0.40)	—	—	ILCT
		122→136(0.25)	—	—	ILCT
2H	A^1A'	130→133(0.62)	719(1.72)	0.0634	MLCT/LLCT
		130→134(0.16)	—	—	MLCT/LLCT
	B^1A'	127→132(0.59)	652(1.90)	0.0777	LLCT/LMCT
		131→133(0.20)	—	—	MLCT/LLCT
	C^1A''	124→132(0.48)	627	0.0212	LLCT/LMCT
		129→133(0.46)	—	—	ILCT
	D^1A'	130→134(0.63)	614(2.02)	0.0570	MLCT/LLCT
	E^1A'	131→135(0.68)	454(2.73)	0.0279	MLCT/LLCT
	F^1A'	120→133(0.39)	362(3.43)	0.1079	MLCT/LLCT
		122→134(0.33)	—	—	MLCT/LLCT
	G^1A'	126→136(0.63)	341(3.63)	0.0654	ILCT
	H^1A'	119→132(0.54)	339(3.65)	0.2303	$\pi\to\pi^*$
		120→134(0.32)	—	—	MLCT/LLCT
3H	A^1A'	131→133(0.66)	803(1.54)	0.0460	MLCT/LLCT
	B^1A'	130→134(0.66)	696(1.78)	0.0849	MLCT/LLCT
	C^1A'	131→134(0.58)	648(1.91)	0.1393	MLCT/LLCT
	D^1A'	128→134(0.69)	550(2.26)	0.0447	LLCT
	E^1A'	125→132(0.66)	497(2.49)	0.0508	MLCT/LLCT

续表

激发态	激发组态 (ICII coef.)	激发能/nm (eV)	振子强度	跃迁指认
F^1A'	125→134(0.64)	382(3.24)	0.1481	MLCT/LLCT
G^1A'	122→132(0.60)	332(3.73)	0.3030	$\pi \to \pi^*$
	123→135(0.26)	—	—	MLCT/LLCT
H^1A'	129→139(0.46)	315(3.93)	0.0298	d→d
	129→140(0.32)	—	—	d→d

与气态吸收光谱的轨道能量相比,溶剂化效应使配合物的分子轨道更加稳定且轨道能量更低。与配合物0H在气态的分子轨道能级相比,在乙醇溶液中,配合物0H的HOMO和LUMO轨道能量分别降低了6.80 eV与6.84 eV。与配合物0H相同,由于乙醇溶剂的影响,配合物1H的HOMO和LUMO轨道的能量分别降低了5.12 eV与5.00 eV,配合物2H的HOMO和LUMO轨道的能量分别降低了3.76 eV与3.29 eV,配合物3H的HOMO和LUMO轨道的能量分别降低了1.89 eV与1.76 eV。可以看到,在配合物1H~3H中,HOMO轨道的能量下降的幅度比LUMO轨道大,而在0H中,则是LUMO轨道的能量下降的幅度比HOMO轨道大。总之,对于配合物1H~3H来说,由于乙醇溶剂的影响,它们的HOMO－LUMO轨道能隙变大,分别从气态中的1.80 eV、1.26 eV和1.48 eV,变到乙醇溶液中的1.92 eV、1.74 eV和1.62 eV。与配合物1H~3H不同,乙醇溶剂的存在使配合物0H的HOMO－LUMO轨道能隙变小,即HOMO－LUMO轨道能级在气态和乙醇溶液中分别为2.60 eV与2.56 eV。

此外,配合物0H~3H在水溶液中的电子结构与它们在乙醇溶液中的电子结构非常相似,并且由于水溶剂的影响,配合物1H~3H的HOMO轨道和LUMO轨道更加稳定,它们的HOMO－LUMO轨道能隙进一步变大到2.0 eV、1.87 eV和1.73 eV。

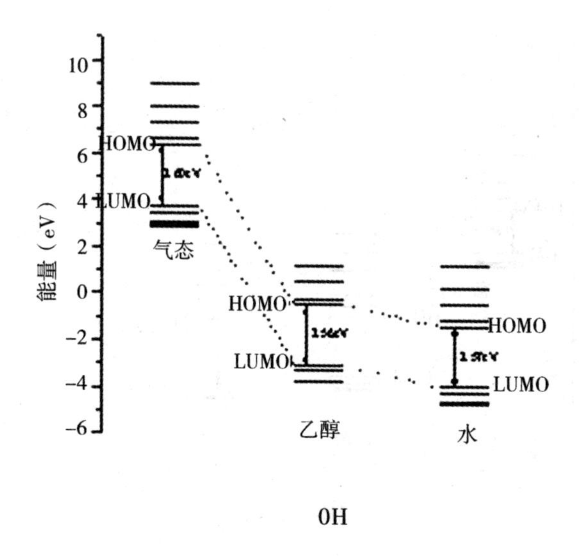
能量（eV）
10
8
6
4
2
0
−2
−4
−6
HOMO
LUMO
气态
HOMO
LUMO
乙醇
HOMO
LUMO
水

0H

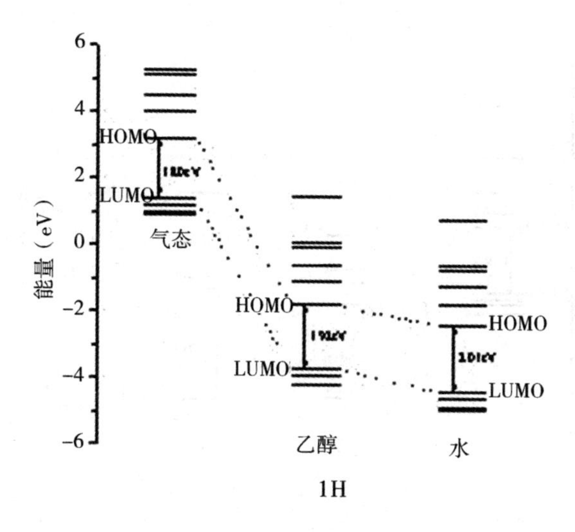
能量（eV）
6
4
2
0
−2
−4
−6
HOMO
LUMO
气态
HOMO
LUMO
乙醇
HOMO
LUMO
水

1H

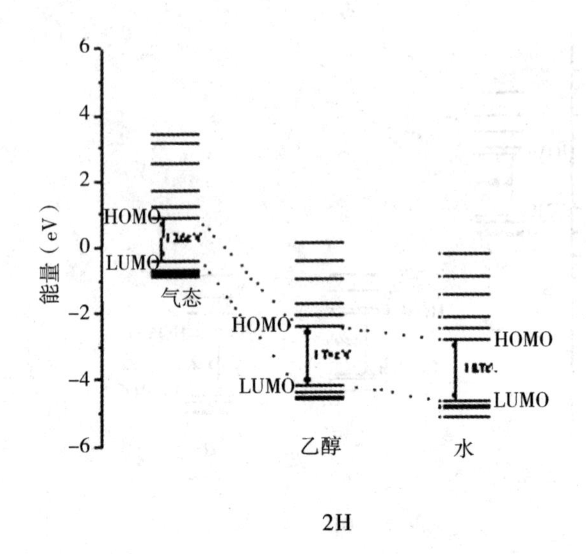

2H

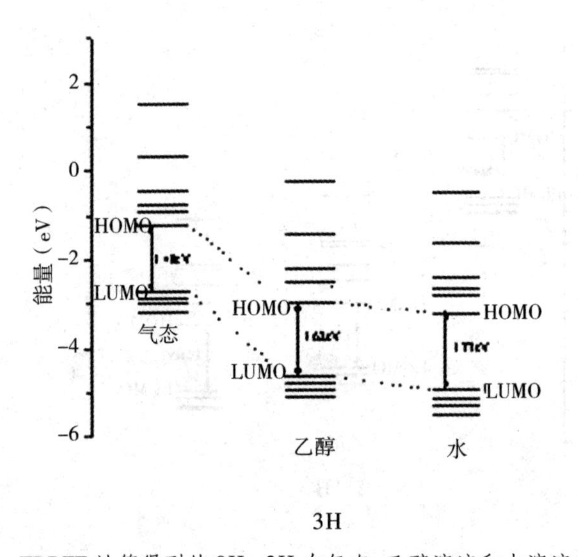

3H

图 6－5　TDDFT 计算得到的 0H～3H 在气态、乙醇溶液和水溶液中的吸收光谱的部分分子轨道能级图

表 6-7　0H~3H 在气态中电子吸收跃迁涉及的分子轨道的成分

	分子轨道	能量/eV	组成%				轨道性质
			Ru	tcterpy	COO^-	NCS	
0H	$59a_1$	9.0011	46.3	22.2	0.7	30.8	$s/p_y/d_{x^2-y^2}$(Ru) - π^*(NCS)
	$23b_1$	8.0329	1.2	90.5	8.2	0.1	π^*(tcterpy)
	$12a_2$	7.3401	3.2	85.0	7.5	0.1	π^*(tcterpy)
	$22b_1$	7.3229	0.8	91.2	7.8	0.2	π^*(tcterpy)
	$11a_2$	6.6418	2.6	95.6	1.7	0.2	π^*(tcterpy)
	$21b_1$(L)	6.3762	7.3	85.4	4.4	3.1	π^*(tcterpy)
	$20b_1$(H)	3.7723	48.1	11.0	0.7	40.0	d_{yz}(Ru) - π^*(NCS)
	$10a_2$	3.7416	51.1	8.0	0.6	40.3	d_{xz}(Ru) - π^*(NCS)
	$43b_2$	3.4785	53.7	17.8	0.6	27.8	d_{xy}(Ru) - π^*(NCS)
	$42b_2$	3.1002	0.1	18.3	81.3	0.1	p_x/p_y(COO^-)
	$19b_1$	2.9299	1.5	1.0	0.1	97.4	π^*(NCS)
	$41b_2$	2.9086	0.0	16.1	82.0	2.0	p_x/p_y(COO^-)
	$58a_1$	2.9081	0.0	16.3	82.9	0.7	p_x/p_y(COO^-)
	$40b_2$	2.8986	0.0	4.2	2.2	93.5	π^*(NCS)
	$57a_1$	2.8956	0.1	1.8	1.1	97.1	π^*(NCS)
	$9a_2$	2.7897	0.0	2.9	96.6	0.4	p_z(COO^-)
1H	103a′	6.5702	41.8	24.8	2.7	30.9	$d_{z^2}/d_{x^2-y^2}$(Ru) - π^*(NCS)
	102a′	6.5038	2.9	17.3	79.3	0.4	p_x/p_y(COO^-)
	35a″	5.2390	1.0	91.2	7.5	0.2	π^*(tcterpy)
	34a″	5.1185	3.1	89.7	7.1	0.1	π^*(tcterpy)
	33a″	4.5133	1.2	76.0	21.5	1.3	π^*(tcterpy)
	32a″	4.0194	1.8	97.3	0.7	0.1	π^*(tcterpy)

续表

	分子轨道	能量 /eV	组成%				轨道性质
			Ru	tcterpy	COO^-	NCS	
	31a″(L)	3.2186	15.2	52.6	27.9	4.2	π^*(tcterpy)
	30a″(H)	1.4194	39.5	4.8	0.3	55.3	d_{xz}(Ru) − π^*(NCS)
	29a″	1.3883	28.2	17.0	4.1	50.5	d_{yz}(Ru) − π^*(NCS)
	101a′	1.1785	34.3	13.1	0.7	51.8	d_{xy}(Ru) − π^*(NCS)
	100a′	0.9780	0.1	18.0	81.5	0.4	p_x/p_y(COO^-)
	28a″	0.9162	0.3	0.7	0.2	98.8	π^*(NCS)
	99a′	0.9113	0.0	18.0	81.7	0.3	p_x/p_y(COO^-)
	98a′	0.7962	0.3	4.3	0.2	95.1	π^*(NCS)
	97a′	0.7810	0.1	1.7	0.0	98.2	π^*(NCS)
	27a″	0.6901	0.0	1.7	98.2	0.1	p_z(COO^-)
	96a′	0.6852	0.2	37.1	62.4	0.2	p_x/p_y(COO^-)
2H	36a″	3.4363	1.8	65.6	32.2	0.4	π^*(tcterpy)
	35a″	3.1620	0.8	88.2	10.7	0.2	π^*(tcterpy)
	34a″	2.5018	1.6	78.0	19.7	0.8	π^*(tcterpy)
	33a″	1.6830	0.4	95.0	4.5	0.1	π^*(tcterpy)
	32a″	1.1998	8.5	55.4	34.1	2.1	π^*(tcterpy)
	31a″(L)	0.8743	12.9	57.0	26.1	4.1	π^*(tcterpy)
	101a′(H)	−0.3905	0.1	18.5	81.3	0.0	p_x/p_y(COO^-)
	30a″	−0.6629	26.1	9.9	7.9	56.0	d_{xz}/d_{yz}(Ru) − π^*(NCS)
	29a″	−0.6934	21.1	11.7	14.5	52.6	d_{xz}/d_{yz}(Ru) − π^*(NCS)
	28a″	−0.7309	4.2	5.6	77.7	12.5	p_z(COO^-)
	100a′	−0.8504	24.3	10.6	0.2	64.9	d_{xy}(Ru) − π^*(NCS)
	99a′	−0.9227	0.2	34.9	64.7	0.0	p_x/p_y(COO^-)

续表

	分子轨道	能量/eV	组成% Ru	tcterpy	COO^-	NCS	轨道性质
	27a″	−1.0125	0.1	0.5	0.1	99.3	π^*(NCS)
	98a′	−1.1992	0.6	4.4	0.0	95.0	π^*(NCS)
	97a′	−1.2028	0.1	1.8	0.0	98.1	π^*(NCS)
	26a″	−2.0967	48.0	23.3	3.2	25.5	d_{xz}(Ru) − π^*(NCS)
3H	102a′	2.1943	40.7	36.2	3.4	19.8	$d_{z^2}/d_{x^2-y^2}$(Ru) − π^*(NCS)
	37a″	1.5377	0.9	56.1	42.3	0.7	π^*(tcterpy)
	36a″	1.4950	0.9	78.1	20.9	0.1	π^*(tcterpy)
	35a″	0.3132	0.6	82.6	16.4	0.5	π^*(tcterpy)
	34a″	−0.4327	0.2	88.0	11.7	0.0	π^*(tcterpy)
	33a″	−0.7736	4.3	60.0	34.4	1.2	π^*(tcterpy)
	32a″	−0.8988	8.7	66.7	23.6	0.9	π^*(tcterpy)
	31a″(L)	−1.2357	13.3	61.0	19.6	6.2	π^*(tcterpy)
	30a″(H)	−2.7182	17.2	20.5	3.2	59.1	d_{yz}(Ru) − π^*(NCS)
	29a″	−2.7250	21.8	6.7	1.3	70.2	d_{xz}(Ru) − π^*(NCS)
	101a′	−2.8610	19.3	9.1	0.0	71.6	d_{xy}(Ru) − π^*(NCS)
	28a″	−2.9631	0.1	0.7	0.1	99.0	π^*(NCS)
	100a′	−3.1653	0.1	1.8	0.0	98.2	π^*(NCS)
	99a′	−3.1775	0.7	4.6	0.0	94.7	π^*(NCS)
	27a″	−4.3694	57.7	18.2	2.1	21.9	d_{xz}(Ru) − π^*(NCS)
	98a′	−4.3860	60.5	25.2	0.1	14.2	d_{xy}(Ru) − π^*(NCS)
	26a″	−4.4317	50.7	17.5	2.3	29.5	d_{yz}(Ru) − π^*(NCS)
	25a″	−5.4766	1.8	96.4	0.9	0.9	π(tcterpy)

表 6-8 0H~3H 在水溶液中电子吸收跃迁所涉及的分子轨道的成分

	分子轨道	能量/eV	组成%				轨道性质
			Ru	tcterpy	COO^-	NCS	
0H	$59a_1$	1.2555	50.1	22.6	0.6	26.7	$s/p_y/d_{x^2-y^2}$(Ru) - π^*(NCS)
	$23b_1$	0.2588	1.4	90.6	7.9	0.1	π^*(tcterpy)
	$12a_2$	-0.3924	3.3	89.3	7.2	0.1	π^*(tcterpy)
	$22b_1$	-0.4229	0.9	91.2	7.6	0.2	π^*(tcterpy)
	$11a_2$	-1.1383	2.5	96.0	1.4	0.2	π^*(tcterpy)
	$21b_1$(L)	-1.3823	7.7	85.1	4.1	3.1	π^*(tcterpy)
	$20b_1$(H)	-3.9489	46.6	11.1	0.7	41.5	d_{yz}(Ru) - π^*(NCS)
	$10a_2$	-3.9887	50.1	7.7	0.5	41.7	d_{xz}(Ru) - π^*(NCS)
	$43b_2$	-4.1900	48.8	16.3	0.5	34.4	d_{xy}(Ru) - π^*(NCS)
	$19b_1$	-4.6692	0.2	0.4	0.0	99.5	π^*(NCS)
	$42b_2$	-4.6788	0.0	18.4	81.6	0.0	p_x/p_y(COO^-)
	$58a_1$	-4.6845	0.1	16.9	83.0	0.0	p_x/p_y(COO^-)
	$41b_2$	-4.6853	0.0	16.7	82.4	0.8	p_x/p_y(COO^-)
	$40b_2$	-4.7963	0.4	4.3	0.3	94.9	π^*(NCS)
	$57a_1$	-4.8118	0.1	1.7	0.0	98.1	π^*(NCS)
	$9a_2$	-4.9800	0.1	3.9	95.5	0.5	p_z(COO^-)
1H	102a′	0.7913	45.2	26.4	0.6	27.9	$d_{z^2}/d_{x^2-y^2}$(Ru) - π^*(NCS)
	35a″	-0.5761	1.1	90.1	7.6	0.2	π^*(tcterpy)
	34a″	-0.7214	3.2	89.8	7.0	0.1	π^*(tcterpy)
	33a″	-1.2232	0.5	77.0	21.5	1.0	π^*(tcterpy)
	32a″	-1.7456	1.9	97.0	0.8	0.1	π^*(tcterpy)
	31a″(L)	-2.3919	14.0	60.7	21.4	3.9	π^*(tcterpy)

续表

	分子轨道	能量/eV	组成%				轨道性质
			Ru	tcterpy	COO^-	NCS	
	30a″(H)	-4.4009	41.9	5.4	0.4	52.3	d_{xz}(Ru) - π^*(NCS)
	29a″	-4.4132	32.5	16.0	2.8	48.8	d_{yz}(Ru) - π^*(NCS)
	101a′	-4.6194	36.7	13.6	0.5	49.3	d_{xy}(Ru) - π^*(NCS)
	100a′	-4.9035	0.0	18.0	81.6	0.3	p_x/p_y(COO^-)
	99a′	-4.9065	0.0	18.0	81.8	0.1	p_x/p_y(COO^-)
	28a″	-4.9313	0.2	0.5	0.1	99.1	π^*(NCS)
	98a′	-5.0692	0.5	4.6	0.2	94.7	π^*(NCS)
	97a′	-5.0842	0.1	1.8	0.0	98.2	π^*(NCS)
	96a′	-5.1942	0.2	37.1	62.2	0.4	p_z(COO^-)
	27a″	-5.1961	0.0	1.8	98.2	0.0	p_x/p_y(COO^-)
2H	36a″	-0.2095	1.0	65.5	33.0	0.5	π^*(tcterpy)
	35a″	-0.9276	1.3	91.9	6.6	0.1	π^*(tcterpy)
	34a″	-1.4126	1.7	77.9	19.8	0.6	π^*(tcterpy)
	33a″	-2.1214	0.3	93.7	5.9	0.1	π^*(tcterpy)
	32a″	-2.4588	5.5	64.3	29.4	0.8	π^*(tcterpy)
	31a″(L)	-2.8123	13.5	65.3	17.0	4.1	π^*(tcterpy)
	30a″(H)	-4.6692	31.7	11.7	1.8	54.9	d_{xz}/d_{yz}(Ru) - π^*(NCS)
	29a″	-4.6896	30.9	10.9	1.6	56.7	d_{xz}/d_{yz}(Ru) - π^*(NCS)
	101a′	-4.7911	0.9	17.3	81.0	0.8	p_x/p_y(COO^-)
	100a′	-4.8845	29.5	12.8	1.6	56.1	d_{xy}(Ru) - π^*(NCS)
	28a″	-5.1215	0.2	0.6	4.2	95.0	π^*(NCS)
	27a″	-5.1416	0.0	1.8	94.5	3.7	p_z(COO^-)
	99a′	-5.2747	0.5	4.5	0.1	94.7	π^*(NCS)

续表

	分子轨道	能量/eV	组成%				轨道性质
			Ru	tcterpy	COO^-	NCS	
	98a′	-5.2831	0.1	1.8	0.1	98.0	π^*(NCS)
	97a′	-5.3218	0.2	34.9	64.7	0.2	$p_x/p_y(COO^-)$
	26a″	-6.0706	46.3	20.5	2.1	30.9	d_{xz}(Ru) $-\pi^*$(NCS)
3H	102a′	0.1518	42.8	32.9	1.3	23.1	$d_{z^2}/d_{x^2-y^2}$(Ru) $-\pi^*$(NCS)
	37a″	-0.3752	1.0	53.5	44.6	0.9	π^*(tcterpy)
	36a″	-0.4776	0.7	81.4	17.9	0.1	π^*(tcterpy)
	35a″	-1.6580	0.5	83.9	15.2	0.4	π^*(tcterpy)
	34a″	-2.3960	0.6	85.6	13.8	0.0	π^*(tcterpy)
	33a″	-2.6907	2.8	64.1	32.4	0.6	π^*(tcterpy)
	32a″	-2.8401	7.7	74.3	17.5	0.6	π^*(tcterpy)
	31a″(L)	-3.2167	12.7	66.3	16.1	4.9	π^*(tcterpy)
	30a″(H)	-4.9452	24.1	17.2	2.4	56.4	d_{yz}(Ru) $-\pi^*$(NCS)
	29a″	-4.9609	27.9	6.1	1.0	64.9	d_{xz}(Ru) $-\pi^*$(NCS)
	101a′	-5.1463	25.7	10.9	0.0	63.3	d_{xy}(Ru) $-\pi^*$(NCS)
	28a″	-5.3294	0.3	0.8	0.1	98.7	π^*(NCS)
	100a′	-5.4883	0.5	4.4	0.0	94.9	π^*(NCS)
	99a′	-5.4897	0.1	1.9	0.0	98.1	π^*(NCS)
	27a″	-6.4826	53.1	18.7	1.9	26.3	d_{xz}(Ru) $-\pi^*$(NCS)
	98a′	-6.5000	57.3	23.6	0.1	19.0	d_{xy}(Ru) $-\pi^*$(NCS)
	26a″	-6.5966	46.8	16.8	2.0	34.3	d_{yz}(Ru) $-\pi^*$(NCS)
	25a″	-7.4930	2.0	96.0	1.2	0.9	π(tcterpy)

如表6-4、表6-5和表6-6所示,在气态、乙醇溶液和水溶液中,配合物

0H ~ 3H 的吸收光谱的|CI|波函数组合系数、振子强度和跃迁性质都十分相似。很明显，与气态中的光谱数据相比，溶液中的光谱数据更加符合实验数据。如图 6 - 6 所示，与气态中的吸收光谱相比，配合物 0H 在乙醇溶液和水溶液中的吸收波长红移，反之，配合物 1H ~ 3H 在乙醇溶液和水溶液中的吸收波长蓝移。为了从本质上探究溶剂对吸收光谱的影响，我们关注了配合物的偶极矩的变化。在表 6 - 9 中，给出了配合物 0H ~ 3H 基态和激发态在气态、乙醇溶液和水溶液中的偶极矩。从表 6 - 9 中，我们可以看到配合物 0H 的偶极矩从基态到激发态明显增加，而配合物 1H ~ 3H 的偶极矩从基态到激发态却明显降低。

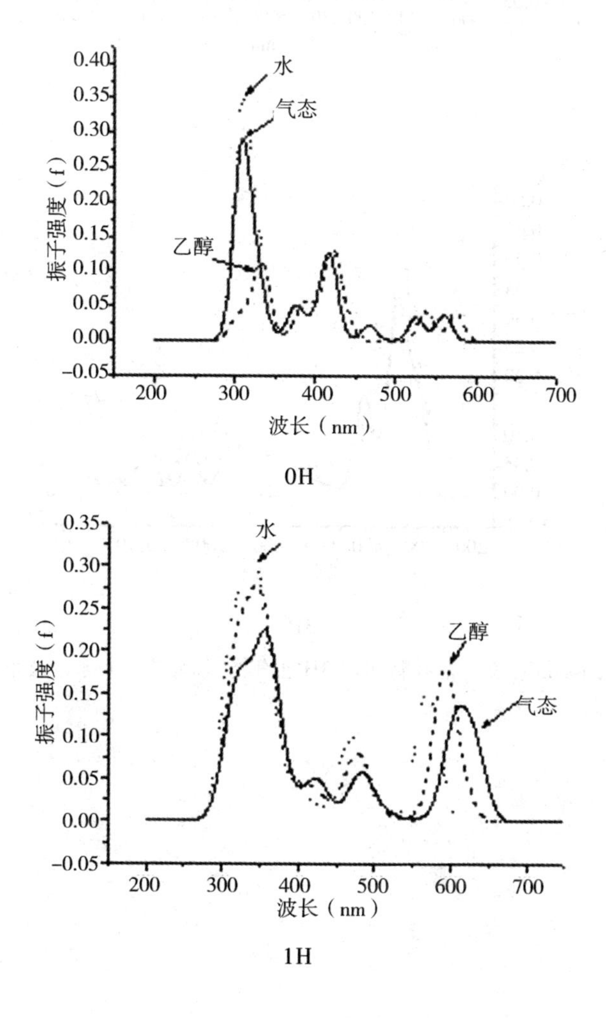

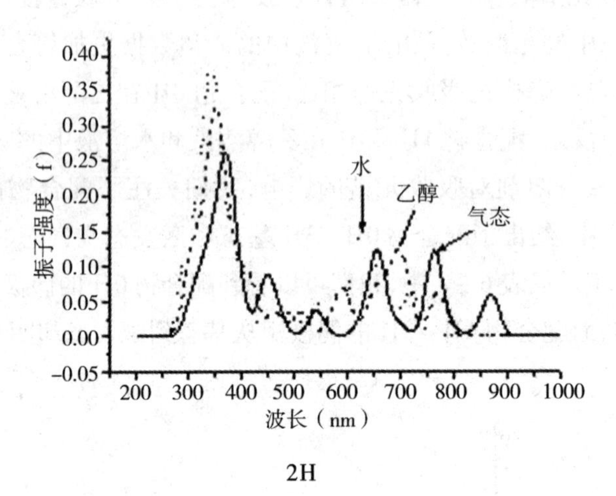

2H

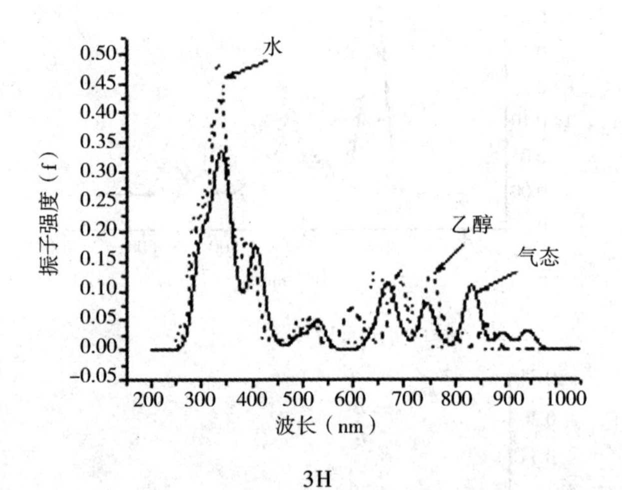

3H

图 6-6 Gaussian 拟合的配合物 0H~3H 在气态、乙醇溶液和水溶液中的吸收光谱

表6－9　配合物0H～3H在气态、乙醇溶液、水溶液中的基态和激发态的偶极矩

	溶剂	偶极矩/D		$\Delta\mu$
		基态	激发态	
0H	气态	8.95	15.92	-6.97
	CH_3CH_2OH	9.99	17.12	-7.13
	H_2O	10.32	17.52	-7.20
1H	气态	8.12	5.87	2.25
	CH_3CH_2OH	9.76	3.95	5.81
	H_2O	10.72	2.96	7.76
2H	气态	24.19	12.91	11.28
	CH_3CH_2OH	27.68	19.27	8.41
	H_2O	29.25	20.67	8.58
3H	气态	10.10	4.88	5.22
	CH_3CH_2OH	12.63	6.64	5.99
	H_2O	13.90	7.56	6.34

也就是说，在配合物0H中，极性溶剂对激发态的稳定作用比对基态的稳定作用强，而在配合物1H～3H中，极性溶剂对激发态的活化影响比对基态的活化作用强。因此，配合物0H在乙醇溶液和水溶液中的吸收波长红移，而配合物1H～3H在乙醇溶液和水溶液中的吸收波长蓝移。此外，从图6－6中我们还可以看到配合物1H～3H的负溶剂化显色现象。从乙醇到水，随着溶剂极性的增加，配合物1H～3H的吸收波长蓝移。例如：在乙醇溶液中，配合物1H激发态的偶极矩是3.95 D，与基态的偶极矩9.76 D相比，减少了5.81 D；而在水溶液中，配合物1H激发态的偶极矩是2.96 D，与基态的偶极矩10.72 D相比，减少了7.76 D。相似的，配合物2H在乙醇溶液和水溶液中的$\Delta\mu$分别为8.41 D与8.58 D；配合物3H在乙醇溶液和水溶液中的$\Delta\mu$分别为5.99 D与6.34 D。对于配合物1H～3H来说，从乙醇到水，随着溶剂极性的增加，$\Delta\mu$增加的规律与上面讨论到的负溶剂化显色现象一致。

6.3.3 激发态结构

以优化得到的基态几何作为初始结构,用 CIS 方法优化得到了 0H~3H 的激发态几何,并且计算得到的 4 个最低能激发态分别具有$^3A_1$、$^3A'$、$^3A'$和$^3A'$电子态。我们把主要的激发态几何参数列入表 6-1 中,由于三联吡啶 Ru(Ⅱ)化合物在实验上没有得到激发态几何数据,所以我们的计算可以为实验上的分析提供一定程度的辅助。在激发后,0H~3H 的激发态几何结构和基态几何结构相比,除 Ru-N 外,其他参数没有发生很大的变化,并且配合物 0H~3H 的变化趋势相似。可以看出,相对于基态几何,激发态的金属键长变长,此外,吡啶环配体内的非金属键(N-C、C-C、和 C-O)的键长变短。键长的变化趋势在一定程度上表明电子是由 Ru 的 d 轨道和 NCS 配体激发到三联吡啶配体上的,并且电子激发使得 Ru(Ⅱ)与配体之间的相互作用减弱。

6.3.4 发射光谱

为了得到可信的激发能,我们利用 CIS 方法优化得到的激发态几何的基础上,利用 TDDFT 方法在 B3LYP 泛函水平下计算了配合物 0H~3H 在气态、乙醇溶液和水溶液中的发射光谱。将发射的有关数据包括发射波长、跃迁性质和实验数据等列在了表 6-10 中。为了便于讨论配合物的发射性质,在表 6-11 中给出了配合物 0H~3H 激发态在乙醇溶液中部分前线分子轨道的成分。

表 6-10　TDDFT 计算得到的配合物 0H~3H 在气态、乙醇溶液和水溶液中的发射光谱及实验数据

	溶剂	跃迁	激发组态 (ICII coef.)	激发能/nm(eV)	跃迁指认	实验数据/nm
0H	气态	$^3A_1 \rightarrow ^1A_1$	$21b_1 \rightarrow 20b_1$(0.72)	715(1.73)	^{3}MLCT/^{3}LLCT	—
	CH_3CH_2OH	$^3A_1 \rightarrow ^1A_1$	$21b_1 \rightarrow 39b_2$(0.20)	673(1.84)	^{3}MLCT/^{3}LLCT	820
			$21b_1 \rightarrow 20b_1$(0.72)	—	—	—
	H_2O	$^3A_1 \rightarrow ^1A_1$	$21b_1 \rightarrow 20b_1$(0.72)	670(1.85)	^{3}MLCT/^{3}LLCT	—
1H	气态	$^3A' \rightarrow ^1A'$	$32a'' \rightarrow 30a''$(0.69)	724(1.71)	^{3}MLCT/^{3}LLCT	—
	CH_3CH_2OH	$^3A' \rightarrow ^1A'$	$32a'' \rightarrow 30a''$(0.71)	711(1.74)	^{3}MLCT/^{3}LLCT	854
	H_2O	$^3A' \rightarrow ^1A'$	$32a'' \rightarrow 30a''$(0.71)	690(1.80)	^{3}MLCT/^{3}LLCT	829
2H	气态	$^3A' \rightarrow ^1A'$	$31a'' \rightarrow 30a''$(0.25)	1089(1.14)	^{3}MLCT/^{3}LLCT	—
			$32a'' \rightarrow 30a''$(0.66)	—	—	—
	CH_3CH_2OH	$^3A' \rightarrow ^1A'$	$31a'' \rightarrow 30a''$(0.18)	886(1.40)	^{3}MLCT/^{3}LLCT	900
			$32a'' \rightarrow 30a''$(0.68)	—	—	—
	H_2O	$^3A' \rightarrow ^1A'$	$32a'' \rightarrow 30a''$(0.69)	798(1.55)	^{3}MLCT/^{3}LLCT	—
3H	气态	$^3A' \rightarrow ^1A'$	$32a'' \rightarrow 30a''$(0.71)	1111(1.12)	^{3}MLCT/^{3}LLCT	—
	CH_3CH_2OH	$^3A' \rightarrow ^1A'$	$31a'' \rightarrow 28a''$(0.26)	938(1.32)	^{3}MLCT/^{3}LLCT	950
			$32a'' \rightarrow 101a'$(0.66)	—	—	—
	H_2O	$^3A' \rightarrow ^1A'$	$32a'' \rightarrow 29a''$(0.71)	845(1.47)	^{3}MLCT/^{3}LLCT	—

表6-11 0H~3H在乙醇溶液中的最低能三重激发态的部分前线分子轨道成分

	分子轨道	能量/eV	组成%				轨道性质
			Ru	tcterpy	COO^-	NCS	
0H	$12a_2$	0.5546	2.6	90.4	6.9	0.0	π^*(tcterpy)
	$11a_2$	-0.4264	1.4	97.3	1.1	0.1	π^*(tcterpy)
	$21b_1$(L)	-0.4762	5.6	88.7	3.7	2.1	π^*(tcterpy)
	$20b_1$(H)	-3.1380	48.8	7.5	0.4	43.2	d_{yz}(Ru)-π^*(NCS)
	$10a_2$	-3.1927	51.2	5.3	0.3	43.3	d_{xz}(Ru)-π^*(NCS)
	$43b_2$	-3.2991	51.2	14.7	0.4	33.6	d_{xy}(Ru)-π^*(NCS)
1H	33a″	-0.4756	0.6	76.8	21.7	1.0	π^*(tcterpy)
	32a″	-1.1889	1.2	98.0	0.7	0.1	π^*(tcterpy)
	31a″(L)	-1.7459	11.3	62.0	24.0	2.6	π^*(tcterpy)
	30a″(H)	-3.6578	32.9	12.2	2.3	52.7	d_{yz}(Ru)-π^*(NCS)
	29a″	-3.6698	40.3	3.7	0.2	55.8	d_{xz}(Ru)-π^*(NCS)
	101a′	-3.8499	34.9	12.0	0.3	52.8	d_{xy}(Ru)-π^*(NCS)
2H	33a″	-1.7086	0.1	93.7	6.1	0.1	π^*(tcterpy)
	32a″	-2.0392	4.9	65.5	29.9	0.6	π^*(tcterpy)
	31a″(L)	-2.4199	11.6	68.2	17.2	3.1	π^*(tcterpy)
	30a″(H)	-4.1228	26.5	12.1	2.0	59.5	d_{yz}(Ru)-π^*(NCS)
	29a″	-4.1487	29.0	5.1	0.7	65.3	d_{xz}(Ru)-π^*(NCS)
	101a′	-4.1560	0.3	18.6	80.8	0.3	p_x/p_y(COO^-)
	100a′	-4.2847	25.0	10.1	0.6	64.4	d_{xy}(Ru)-π^*(NCS)
3H	33a″	-2.3854	1.2	66.8	31.8	0.3	π^*(tcterpy)
	32a″	-2.5944	5.8	79.3	14.7	0.3	π^*(tcterpy)
	31a″(L)	-2.9712	13.7	67.3	13.6	5.3	π^*(tcterpy)
	30a″(H)	-4.5544	19.9	16.0	2.0	62.0	d_{yz}(Ru)-π^*(NCS)

续表

分子轨道	能量/eV	组成%				轨道性质
		Ru	tcterpy	COO^-	NCS	
101a′	-4.5846	21.8	3.6	0.5	74.1	d_{xz}(Ru) - π^*(NCS)
29a″	-4.6676	29.9	11.6	0.0	58.5	d_{xy}(Ru) - π^*(NCS)
28a″	-4.8880	1.4	2.0	0.3	96.3	π^*(NCS)

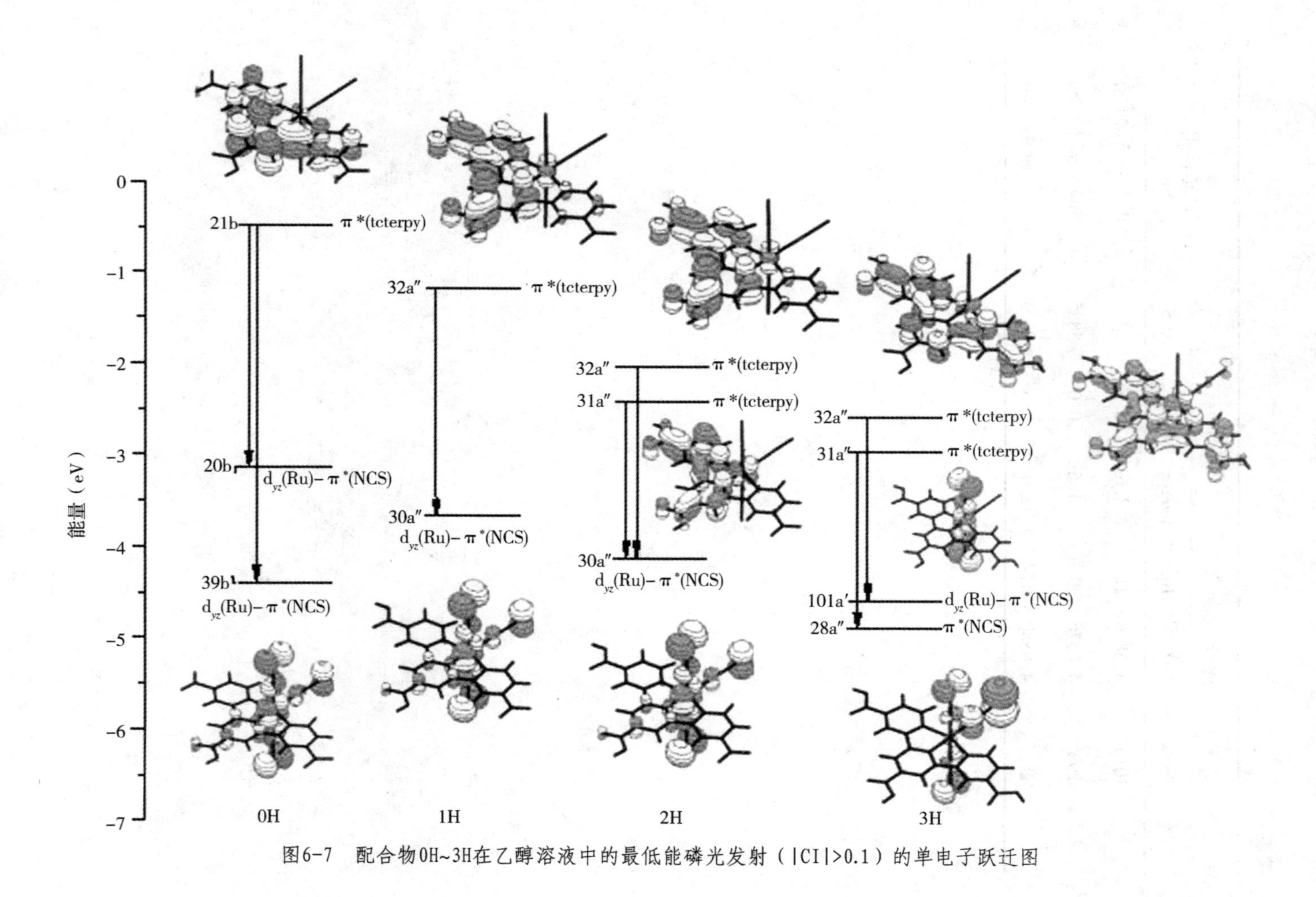

图6-7 配合物0H~3H在乙醇溶液中的最低能磷光发射（|CI|>0.1）的单电子跃迁图

在 B3LYP 泛函水平下，得到了配合物 0H ~ 3H 在乙醇溶液中的最低能磷光发射分别在 673 nm、711 nm、886 nm 和 938 nm 处，这些磷光均被指认为来源于 ^{3}MLCT和^{3}LLCT 的混合跃迁。我们前面分析过的发生在 575 nm、617 nm、770 nm和 862 nm 的最低能吸收同样具有 MLCT/LLCT 跃迁性质。既然最低能的发射和吸收都来源于相同的激发态跃迁，那么最低能发射可以简单地认为是最低能吸收的跃迁在单态激发态 S_1 态通过电子自旋翻转和系间窜跃到了三态激发态 T_1 态，然后再辐射回到基态的过程。

在乙醇溶液中，配合物 0H 的最低能发射发生在 673 nm 处，该磷光发射来源于$^3A_1 \to {}^1A_1$跃迁。该跃迁主要由分别具有 0.72 和 0.20 的|CI|组合系数的 $21b_1$(LUMO)→$20b_1$(HOMO)与 $21b_1$(LUMO)→$39b_2$(HOMO - 18)激发组态贡献。通过表 6 - 11 可知，$21b_1$轨道主要由三联吡啶配体的 π^* 轨道组成，而 $20b_1$ 和 $39b_2$轨道均是由 d_{yz}(Ru)轨道与 NCS 配体成分贡献。因此，我们认为 673 nm 的磷光发射具有 d_{yz}(Ru)→π^*(tcterpy)(^{3}MLCT)和 NCS→π^*(tcterpy)(^{3}LLCT)电荷转移跃迁性质。为了更清晰地了解 673 nm 磷光发射的过程，我们在图 6 -7 中给出了发射跃迁中所涉及的前线分子轨道的电子跃迁图。

从表 6 - 10、表 6 - 11 和图 6 - 7 中，我们可以看到与配合物 0H 的磷光发射的跃迁性质相似，配合物 1H 和 2H 分别发生在 711 nm 与 886 nm 处的最低能磷光发射，均来源于$^3A' \to {}^1A'$跃迁，并被指认为 d_{yz}(Ru)/NCS→π^*(tcterpy) 电荷转移(^{3}MLCT/^{3}LLCT)跃迁。配合物 3H 在乙醇溶液中的 938 nm 的最低能发射来源于$^3A' \to {}^1A'$跃迁。该跃迁主要由|CI|组合系数分别为 0.66 和 0.26 的 32a″(LUMO + 1)→101a′(HOMO - 1)和 31a″(LUMO)→28a″(HOMO - 3)的激发组态贡献。如表 6 - 11 和图 6 - 7 所示，31a″和 32a″轨道都主要集中在三联吡啶配体的 π^* 轨道。101a′轨道由 21.8% 的 Ru(d_{xz})、74.1% 的 NCS 配体和 3.6% 的 tcterpy 配体组成，而 28a″轨道则含有 96% 的 NCS 配体成分。因此配合物 3H 的 938 nm 发射可以被归属为 d_{xz}(Ru)/NCS→π^*(tcterpy)电荷转移(^{3}MLCT/^{3}LLCT)跃迁，并同时伴有少量的^{3}LMCT 跃迁。

我们通过比较配合物 0H ~ 3H 在乙醇溶液中的激发态的分子轨道能级，来说明质子化效应对发射光谱行为的影响。在乙醇溶液中，随着 COOH 基团个数的增加，配合物 0H ~ 3H 的 HOMO - LUMO 轨道能隙按此顺序递减：2.66 eV (0H) > 1.91 eV (1H) > 1.70 eV (2H) > 1.58 eV (3H)。也就是说，在配合物分子中引入质子化的 COOH 基团能够引起配合物 0H ~ 3H 的磷光发射光谱的红移。

为了研究溶剂化效应对磷光发射的影响,我们还计算了配合物 0H ~ 3H 在气态和水溶液中的发射光谱。很明显,与气态中的发射光谱相比,溶液中的发射光谱更加符合实验上观测到的发射光谱数据。在气态和水溶液中,配合物 0H ~ 3H 的磷光发射的跃迁性质与它们在乙醇溶液中的跃迁性质相似,也具有 ^{3}MLCT/^{3}LLCT 跃迁性质。此外,与乙醇溶液中的发射波长相比,配合物 0H ~ 3H 在水溶液中的发射波长蓝移,这是水溶剂与 NCS 配体的 S 原子的孤对电子形成氢键的能力比乙醇溶剂强导致的。

6.4 本章小结

采用 DFT 和 CIS 方法优化得到了 0H ~ 3H 的基态和激发态的结构,用 TD-DFT 方法以及 TDDFT 方法结合 SCRF 中的 CPCM 模型分别预测了 0H ~ 3H 在气态和溶液中的吸收与发射光谱。实验还讨论了质子化效应和溶剂化效应对电子结构与光谱行为的影响,可以得到以下结论:

通过对配合物 0H ~ 3H 的电子结构的分析,发现它们的 HOMO 轨道都是由 Ru 原子的 d 轨道和 NCS 配体组成的,而 LUMO 轨道则定域在带羧基的三联吡啶配体的 π^* 轨道上。硫氰酸盐配体对 HOMO 轨道的贡献和羧基官能团对 LUMO 轨道的贡献,在染料敏化 TiO_2 太阳能电池的再生过程和电荷注入过程中起着重要的作用。此外,质子化效应对电子结构有一定的影响。在乙醇溶液中的吸收光谱和发射光谱中,配合物 0H ~ 3H 的 HOMO 和 LUMO 轨道的能量随着引入的 COOH 基团的个数的增加而降低,并且每一步质子化导致的 LUMO 轨道的能量降低的幅度都比 HOMO 轨道大。因此,从 0H ~ 3H,在吸收光谱和发射光谱中,配合物的 HOMO – LUMO 轨道能隙从 0H ~ 3H 逐渐降低。

计算得到的配合物 0H ~ 3H 的最低能 MLCT/LLCT 吸收分别发生在 575 nm、617 nm、770 nm 和 862 nm 处。因为 COOH 基团的吸电子能力比 COO^- 阴离子基团的吸电子能力强,所以,随着配合物中引入的 COOH 基团的个数的增加,吸收光谱在低能区域的吸收波长红移。

溶剂化效应对配合物的分子轨道成分和分子轨道能级有一定的影响,计算结果表明,溶液中的光谱数据与实验数据更加接近。与气态的吸收光谱相比,配合物0H在乙醇溶液和水溶液中的吸收光谱红移,而配合物1H~3H在乙醇溶液和水溶液中的吸收光谱蓝移。此外,在配合物1H~3H的吸收光谱中,我们发现了负的溶剂化显色现象。从乙醇溶液到水溶液,随着溶剂极性的增加,配合物1H~3H的吸收波长蓝移。

计算得到配合物0H~3H在乙醇溶液中的最低能磷光发射分别发生在673 nm、711 nm、886 nm和938 nm处,可以把这些磷光发射指认为d(Ru)/NCS→π^*(tcterpy)电荷转移(^{3}MLCT/^{3}LLCT)跃迁。

结 论

以提高染料敏化太阳能电池光电转换效率及稳定性为目标，从理论设计的角度选择 N－杂环卡宾－吡啶配体来替代联吡啶配体或硫氰酸盐配体，设计得到系列新型、高效的钌配合物光敏染料。在此基础上，利用量子化学计算方法，对新型光敏染料的电子结构性质、光谱性质及敏化性能进行系统的理论研究，得到以下结论：

（1）设计了一系列新型含 N－杂环卡宾－吡啶配体的二联吡啶钌光敏染料，该系列光敏染料具有良好的光吸收性能，其吸收谱带扩展到 820 nm 处，并且该系列光敏染料的前线分子轨道能级和组成均满足染料敏化太阳能电池的光敏染料的前提条件。

（2）利用两齿的 N－杂环卡宾－吡啶配体替代两个 NCS 配体作为供电子配体，设计了一系列去硫氰酸盐配体环金属三联吡啶钌光敏染料，该系列光敏染料吸收谱带扩展到 800 nm 左右，扩大了光谱利用范围，提高了光敏染料的稳定性，同时具有环境友好的特点。

（3）N－杂环卡宾－吡啶配体是一类具有独特电子性质的基团，在染料分子中，它可以作为辅助配体，也可以担当供电子配体的角色。研究发现，引进该配体的染料分子均具有良好的光吸收性能。因此，通过修饰 N－杂环卡宾－吡啶配体的结构，来优化染料分子的性能是可行的。

（4）溶剂化效应对染料分子的前线分子轨道能级、电子吸收波长和强度有显著的影响，因此，可通过利用溶剂的选择来调整染料分子的轨道能级，使之与半导体导带和氧化还原电对的氧化还原电势相匹配的方法来优化染料分子的光吸收性能。

(5)计算表明,染料分子的质子化可以显著改变其电子结构和光吸收性能,较高程度的质子化有利于染料的激发态电子转移。

参考文献

[1]Potocnik, J. Renewable Energy Sources and the Realities of Setting an Energy Agenda[J]. Science, 2007, 315(5813):810 - 811.

[2]Service R F . Solar energy. Is it time to shoot for the sun? [J]. Science, 2005, 309(5734):548 - 551.

[3]Chen Z M , Chen G Q . An overview of energy consumption of the globalized world economy[J]. Energy Policy, 2011, 39(10):5920 - 5928.

[4] Nyman J . The Quest: Energy, Security and the Remaking of the Modern World-By Daniel Yergin [J]. Political Studies Review, 2012, 10 (3):428 - 429.

[5]KOCH H J. The World Energy Outlook and the Role of International Energy Technology Cooperation[J]. Energy Source, 1998, 25(13): 723 - 731.

[6]Chapin D M . A New Silicon p-n Junction Photocell for Converting Solar Radiation into Electrical Power [J]. Journal of Applied Physics, 1954, 25 (5):676 - 677.

[7]Goetzberger A , Hebling C , Schock H W . Photovoltaic materials, history, status and outlook[J]. Materials Science & Engineering R: Reports, 2003, 40 (1):1 - 46.

[8]Bouroushian M , Karoussos D , Kosanovic T . Photoelectrochemical properties of electrodeposited CdSe and CdSe/ZnSe thin films in sulphide-polysulphide and

ferro-ferricyanide redox systems [J]. Solid State Ionics, 2006, 177 (19):1855 - 1859.

[9]HAGFELDT A, BOSCHLOO G, SUN L C, et al. Dye-Sensitized Solar Cells [J]. Journal of Chemistry Review, 2010, 110: 6595 - 6663.

[10]O'REGAN B , GrRÄTZEL M . A low-cost, high-efficiency solar cell based on dye-sensitized colloidal TiO_2 films[J]. Nature, 1991, 353(6346):737 - 740.

[11]NAZEERUDDIN M K, KAY A, RODICIO I, et al. Conversion of Light to Electricity Bycis-X2-Bis(2,2'-Bipyridyl-4,4'-Dicarboxylate) Ruthenium(Ⅱ) Charge-Transfer Sensitizers ($X = Cl^-$, Br^-, I^-, CN^-, and SCN^-) on Nanocrystalline Titanium Dioxide Electrodes[J]. Journal of American Chemistry Society, 1993, 115(14): 6382 - 6390.

[12]Yella A , Lee H W , Tsao H N , et al. Porphyrin-Sensitized Solar Cells with Cobalt (Ⅱ/Ⅲ)-Based Redox Electrolyte Exceed 12 Percent Efficiency[J]. Science, 2011, 334(6056):629 - 634.

[13]Grätzel, Michael. The advent of mesoscopic injection solar cells[J]. Progress in Photovoltaics Research & Applications, 2010, 14(5):429 - 442.

[14]Du L, Furube A, Hara K, et al. Mechanism of Particle Size Effect on Electron Injection Efficiency in Ruthenium Dye-Sensitized TiO_2 Nanoparticle Films[J]. Journal of Physical Chemistry C, 2010, 114(18):8135 - 8143.

[15]Labat, Frédéric, Le Bahers T , Ciofini I , et al. First-Principles Modeling of Dye-Sensitized Solar Cells: Challenges and Perspectives [J]. Accounts of Chemical Research, 2012, 45(8):1268 - 1277.

[16]Wei T C , Wan C C , Wang Y Y , et al. Immobilization of poly(N-vinyl-2 - pyrrolidone)-capped platinum nanoclusters on indium-tin oxide glass and its application in dye-sensitized solar cells [J]. J. phys. chem. c, 2007, 111 (12):4847 - 4853.

[17] Friedrich D , Kunst M . Analysis of Charge Carrier Kinetics in Nanoporous Systems by Time Resolved Photoconductance Measuremcnts[J]. Journal of Physical Chemistry C, 2011, 115(33):16657 - 16663.

[18] Mann J R , Gannon M K , Fitzgibbons T C , et al. Optimizing the Photocurrent Efficiency of Dye-Sensitized Solar Cells through the Controlled Aggregation of Chalcogenoxanthylium Dyes on Nanocrystalline Titania Films Optimizing the Photocurrent Efficiency of Dye-Sensitized Solar Cells through the Controll[J]. Journal of Physical Chemistry C, 2008, 112(34):13057 - 13061.

[19] Liang M , Chen J . Arylamine organic dyes for dye-sensitized solar cells[J]. Chemical Society Reviews, 2013, 42(8):3453 - 3488.

[20] NING Z, FU Y, TIAN H. Improvement of Dye-Sensitized Solar Cells: What We Know and What We Need to Know[J]. Energy Environment Science, 2010, 3(9): 1170 - 1181.

[21] Qu S Y , Hua J L , Tian H . New D-π-A dyes for efficient dye-sensitized solar cells[J]. Science China Chemistry, 2012, 55(5):677 - 697.

[22] Zhang G , Bala H , Cheng Y , et al. High efficiency and stable dye-sensitized solar cells with an organic chromophore featuring a binary pi-conjugated spacer. [J]. Chemical Communications, 2009, 16(16):2198 - 2200.

[23] NOUREEN S, ARGAZZI R, MONARI A, et al. Novel Ru-Based Sunlight Harvesters Bearing Dithienylpyrrolo (DTP)-Bipyridine Ligands: Synthesis, Characterization and Photovoltaic Properties[J]. Dyes and Pigments, 2014, 101:318 - 328.

[24] Kusama, Hitoshi, Funaki, et al. Theoretical study of cyclometalated Ru(II) dyes: Implications on the;open-circuit voltage of dye-sensitized solar cells[J]. Journal of Photochemistry & Photobiology A Chemistry, 2013, 272 (1):80 - 89.

[25]RAGOUSSI M, INCE M, TORRES T, et al. Recent Advances in Phthalocyanine-Based Sensitizers for Dye-Sensitized Solar Cells[J]. European Journal of Organic Chemistry, 2013, 29: 6475 - 6489.

[26]Suresh T , Rajkumar G , Singh S P , et al. Novel ruthenium sensitizer with multiple butadiene equivalent thienyls as conjugation on ancillary ligand for dye-sensitized solar cells [J]. Organic Electronics, 2013, 14 (9):2243 - 2248.

[27]Lu S , Wu T , Ren B , et al. Highly efficient dye sensitized solar cells based on a novel ruthenium sensitizer[J]. Journal of Materials Science: Materials in Electronics, 2013, 24(7):2346 - 2350.

[28]Kinoshita T , Dy J T , Uchida S , et al. Wideband dye-sensitized solar cells employing a phosphine-coordinated ruthenium sensitizer[J]. Nature Photonics, 2013, 7(7):535 - 539.

[29]Ocakoglu K , Sogut S , Sarica H , et al. Influences of the electron donor groups on the properties of thiophene-pyrrole-thiophene and tert-butyl based new ruthenium II bipyridyl sensitizers for DSSCs and DFT studies[J]. Synthetic Metals, 2013, 174(15):24 - 32.

[30]Hart A S , Kc C B , Gobeze H B , et al. Porphyrin-Sensitized Solar Cells: Effect of Carboxyl Anchor Group Orientation on the Cell Performance[J]. ACS Applied Materials & Interfaces, 2013, 5(11):5314 - 5323.

[31]Schott E , Zarate X , Arratiaperez R . Molecular properties of two related families of substituted (Ru(2,2′:6′,2″-Terpyridine) 2) 2 + for application as sensitizers in dye-sensitized solar cells [J]. Dyes & Pigments, 2013, 97 (3):455 - 461.

[32]Ortiz J H M , Vega N , Comedi D , et al. Improving the photosensitizing properties of ruthenium polypyridyl complexes using 4-methyl-2,2′-bipyridine-4′-

carbonitrile as an auxiliary ligand. [J]. Inorganic Chemistry, 2013, 52(9): 4950 -4962.

[33] Lu S , Geng R , Wu T , et al. Efficient quasi-solid-state dye sensitized solar cells based on a novel ruthenium sensitizer[J]. Synthetic Metals, 2013, 170 (1):19 -24.

[34] Pogozhev D V , Bezdek M J , Schauer P A , et al. Ruthenium(II) complexes bearing a naphthalimide fragment: a modular dye platform for the dye-sensitized solar cell. [J]. Inorganic Chemistry, 2013, 52(6):3001 -3006.

[35] AHN J, LEE KI C, KIM D. Synthesis of Novel Ruthenium Dyes with Thiophene or Thienothiophene Substituted Terpyridyl Ligands and Their Characterization[J]. Molecular Crystals and Liquid Crystals, 2013, 581(1): 45 -51.

[36] SHAHROOSVAND H, NASOUTI F. Novel Ru(II) Heteroleptic Complexes Anchored to TiO_2 Nanocrystalline: Synthesis, Characterization and Application to Dye-sensitized Solar Cells[J]. Journal of New Materials for Electrochemical Systems, 2013, 16(1):47 -51.

[37] NI J, HO K, LIN K. Ruthenium Complex Dye with Designed Ligand Capable of Chelating Triiodide Anion for Dye-Sensitized Solar Cells[J]. Journal of Materials Chemistry A, 2013, 1(10): 3463 -3470.

[38] LOBELLO, MARIA G, WU K, et al. Engineering of Ru(II) Dyes for Interfacial and Light-Harvesting Optimization[J]. Dalton Transactions, 2014, 43 (7): 2726 -2732.

[39] HUSSAIN M, EL-SHAFEI A, ISLAM A. Structure-Property Relationship Of Extended Pi-Conjugation of Ancillary Ligands with and without an Electron Donor of Heteroleptic Ru(II) Bipyridyl Complexes for High Efficiency Dye-Sensitized Solar Cells[J]. Physical Chemistry Chemical Physics, 2013, 15(21): 8401 -8408.

[40] VOUGIOUKALAKIS G, STERGIOPOULOS T. Novel Ru(II) Sensitizers Bearing an Unsymmetrical Pyridine-Quinoline Hybrid Ligand with Extended Pi-Conjugation: Synthesis and Application in Dye-Sensitized Solar Cells[J]. Dalton Transactions, 2013, 42(18):6582 -6591.

[41] NUMATA Y, SINGH S. Enhanced Light-Harvesting Capability of a Panchromatic Ru(II) Sensitizer Based on pi-Extended Terpyridine with a 4-Methylstylryl Group for Dye-Sensitized Solar Cells[J]. Advanced Functional Materials, 2013, 23 (14):1817 -1823.

[42] KIMURA M, MASUO J, TOHATA Y. Improvement of TiO_2/Dye/Electrolyte Interface Conditions by Positional Change of Alkyl Chains in Modified Panchromatic Ru Complex Dyes[J]. Chemistry-A European Journal, 2013, 19(3): 1028 -1034..

[43] SHAHROOSVAND H, NASOUTI F. Novel Ru(II) Heteroleptic Complexes Anchored to TiO_2 Nanocrystalline: Synthesis, Characterization and Application to Dye-sensitized Solar Cells[J]. Journal of New Materials For Electrochemical Systems, 2013, 16(1): 47 -51.

[44] NUMATA Y, ISLAM A, SODEYAMA K. Substitution Effects of Ru-Terpyridyl Complexes on Photovoltaic and Carrier Transport Properties In Dye-Sensitized Solar Cells [J]. Journal of Materials Chemistry A, 2013, 1 (36): 11033 -11042.

[45] YEH H, HO S, CHI Y. Ru(II) Sensitizers Bearing Dianionic Biazolate Ancillaries: Ligand Synergy for High Performance Dyesensitized Solar Cells[J]. Journal of Materials Chemistry A, 2013, 1(26): 7681 -7689.

[46] ADELOYE A, AJIBADE P, CUMMINGS F. Synthesis, Photophysical and Preliminary Investigation of the Dye-Sensitized Solar Cells Properties of Functionalized Anthracenyl-Based Bipyridyl and Phenanthrolyl Ru(II) Complexes[J].

Journal of Chemical Sciences, 2013, 125(1): 17 –27.

[47]KISSERWAN H, GHADDAR T H. Enhancement of Photovoltaic Performance of a Novel Dye, "T18", With Ketene Thioacetal Groups as Electron Donors for High Efficiency Dye-Sensitized Solar Cells [J]. Inorganica Chimica Acta, 2010, 363:2409 –2415.

[48]JIN Z Z, MASUDA H, YAMANAKA N, et al. Efficient Electron Transfer Ruthenium Sensitizers for Dye-Sensitized Solar Cells [J]. Journal of Physical Chemistry C, 2009, 113(3): 2618 –2623.

[49]CLIFFORD J N, MARTINEZ-FERRERO E, VITERISI A, et al. Sensitizer Molecularstructure-Device Efficiency Relationship in Dye Sensitized Solar Cells [J]. Chemical Society Reviews, 2011, 40(3): 1635 –1646.

[50]GRATZEL M. Recent Advances in Sensitized Mesoscopic Solar Cells[J]. Accounts of Chemical Research, 2009, 42(11): 1788 –1798.

[51]YUM J H, JUNG I, BAIK C, et al. High Efficient Donor – Acceptor Ruthenium Complex for Dye-Sensitized Solar Cell Applications[J]. Energy & Environmental Science[J], 2009, 2(1): 100 –102.

[52]Juozapavicius M , Ghaddar T , Matar F , et al. Structure-function relationships in dyes for solar energy conversion: a two-atom change in dye structure and the mechanism for its effect on cell voltage[J]. Journal of the American Chemical Society, 2009, 131(10):3541 –3548.

[53]ALONSO V N, NIERENGARTEN J F, SAUVAGE J P. Spectral Sensitization of Large-Band-Gap Semiconductors (Thin Films And Ceramics) by a Carboxylated Bis (1,10-Phenanthroline) Copper (I) Complex [J]. Journal of the Chemical Society, Dalton Transactions, 1994,11(11): 1649 –1654.

[54]SAKAKI S, KUROKI T, HAMADA T. Synthesis of a New Copper(I) Complex,[$Cu(Tmdcbpy)_2$] + (Tmdcbpy4,4′,6,6′-Tetramethyl-2,2′Bipyridine-5,

5′-Dicarboxylic Acid), and its Application to Solar Cells[J]. Journal of the Chemical Society, Dalton Transactions, 2002(6): 840 – 842.

[55] Bessho T, Constable E C, Graetzel M, et al. An element of surprise—efficient copper-functionalized dye-sensitized solar cells[J]. Chemical Communications, 2008(32):3717 – 3719.

[56] FERRERE S, GREGG B A. Photosensitization of TiO_2 by [Fe(2,2′-Bipyridine-4,4′-Dicarboxy-Lic Acid)$_2$(CN)$_2$]: Band Selective Electron Injection from Ultra-Short-Lived Excited States[J]. Journal of the American Chemical Society, 1998, 120(4): 843 – 844.

[57] FERRERE S. New Photosensitizers Based Upon [Fe(L)$_2$(CN)$_2$] and [Fe(L)$_3$] (L = Substituted 2,2′-Bipyridine): Yields for the Photosensitization of TiO_2 and Effects on the Band Selectivity[J]. Chemistry of Materials, 2000, 12(4): 1083 – 1089.

[58] FERRERE S. New Photosensitizers Based upon [Fe(L)$_2$(CN)$_2$] and [Fe L$_3$], Where L is Substituted 2,2′-Bipyridine[J]. Inorganica Chimica Acta, 2002, 329(1): 79 – 92.

[59] ISLAM A, SUGIHARA H, HARA K, et al. Dye Sensitization of Nanocrystalline Titanium Dioxide with Square Planar Platinum(II) Diimine Dithiolate Complexes[J]. Inorganic Chemistry, 2001, 40(21): 5371 – 5380.

[60] GEARY E A M, YELLOWLEES L J, JACK L A, et al. Synthesis, Structure, and Properties of [Pt(II)(Diimine)(Dithiolate)] Dyes with 3,3′-, 4,4′-, and 5,5′-Disubstituted Bipyridyl: Applications in Dye-Sensitized Solar Cells[J]. Inorganic Chemistry, 2005, 44(2): 242 – 250.

[61] GEARY E A M, MCCALL K L, TURNER A, et al. Spectroscopic, Electrochemical and Computational Study of Pt-Diimine-Dithiolene Complexes: Rationalizing the Properties of Solar Cell Dyes[J]. Dalton Transactions, 2008,

252(28): 3701 - 3708.

[62] KUCIAUSKAS D, MONAT J E, VILLAHERMOSA R, et al. Transient Absorption Spectroscopy of Ruthenium and Osmium Polypyridyl Complexes Adsorbed onto Nanocrystalline TiO_2 Photoelectrodes [J]. Journal of Physical Chemistry B, 2002, 106(36): 9347 - 9358.

[63] ALTOBELLO S, ARGAZZI R, CARAMORI S, et al. Sensitization of Nanocrystalline TiO_2 with Black Absorbers Based on Os and Ru Polypyridine Complexes [J]. Journal of the American Chemical Society, 2005, 127 (44): 15342 - 15343.

[64] HASSELMANN G M, MEYER G J, Diffusion-Limited Interfacial Electron Transfer with Large Apparent Driving Forces[J]. Journal of Physical Chemistry B, 1999, 103(36): 7671 - 7675.

[65] CAMPBELL W M, JOLLEY K W, WAGNER P, et al. Highly Efficient Porphyrin Sensitizers for Dye-Sensitized Solar Cells[J]. Journal of Physical Chemistry C, 2007, 111(32): 11760 - 11762.

[66] REDDY P Y, GIRIBABU L, LYNESS C, et al. Efficient Sensitization of Nanocrystalline TiO_2 Films by a Near-IR-Absorbing Unsymmetrical Zinc Phthalocyanine [J]. Angewandte Chemie International Edition, 2007, 46 (3): 373 - 376.

[67] NAZEERUDDIN M K, ZAKEERUDDIN S M, HUMPHRY-BAKER R, etal. Acid-BaseEquilibriaof(2,2′-Bipyridyl-4,4′-Dicarboxylic Acid) Ruthenium(II) Complexes and the Effect of Protonation on Charge-Transfer Sensitization of Nanocrystalline Titania [J]. Inorganic Chemistry, 1999, 38 (26): 6298 - 6305.

[68] GRÄTZEL M. Conversion of Sunlight to Electric Power byNanocr-ystalline Dye-Sensitized Solar Cells [J]. Journal of Photochemistry and Photobiology A,

2004, 164(1 -3): 3 -14.

[69]NAZEERUDDIN M K, PECHY P, GRATZEL M. Efficient Panchromatic Sensitization of Nanocrystalline TiO_2: Films by a Black Dye Based on a Trithiocyanato-Ruthenium Complex. Chemical Communications [J]. 1997, (18): 1705 -1706.

[70]PECHY P, RENOUARD T, ZAKEERUDDIN S M, et al. Engineering of Efficient Panchromatic Sensitizers for Nanocrystalline TiO_2 Based Solar Cells[J]. Journal of the American Chemical Society. 2001, 123(8): 1613 -1624.

[71]WANG P, ZAKEERUDDIN S M, COMTE P, et al. Enhance the Performance of Dye-Sensitized Solar Cells by Co-Grafting Amphiphilic Sensitizer and Hexadecylmalonic Acid on TiO_2 Nanocrystals[J]. The Journal of Physical Chemistry B. 2003, 107(51): 14336 -14341.

[72]ZAKEERUDDIN S M, NAZEERUDDIN M K, HUMPHRY-BAKER R, et al. Design, Synthesis, and Application of Amphiphilic Ruthenium Polypyridyl Photosensitizers in Solar Cells Based on Nanocrystalline TiO_2 Films[J]. Langmuir. 2002, 18(3): 952 -954.

[73]WANG P, KLEIN C, HUMPHRY-BAKER R, et al. A High Molar Extinction Coefficient Sensitizer for Stable Dye-Sensitized Solar Cells[J]. Journal of the American Chemical Society, 2005, 127(3):808 -809.

[74]WANG P, KLEIN C, HUMPHRY-BAKER R, et al. Stable ≥8% Efficient Nanocrystalline Dye-Sensitized Solar Cell Based on an Electrolyte Of Low Volatility[J]. Applied Physics Letters, 2005, 86(12):123508 -123511.

[75]CHEN C Y, WANG M, LI J Y, et al. Highly Efficient Light-Harvesting Ruthenium Sensitizer for Thin-Film Dye-Sensitizedsolar Cells[J]. ACS Nano, 2009, 3(10); 3103 -3109.

[76]GAO F, WANC Y, SHI D, et al. Enhance the Optical Absorptivity of Nano-

crystalline TiO_2 Film with High Molar Extinction Coefficient Ruthenium Sensitizers for High Performance Dye-Sensitized Solar Cells[J]. Journal of the American Chemical Society, 2008, 130(32): 10720 – 10728.

[77] WADMAN S, KROON J, BAKKER K, et al. Cyclometalated Ruthenium Complexes for Sensitizing Nanocrystalline TiO_2 Solar Cells[J]. Chemical Communications, 2007, 91(5): 1907 – 1909.

[78] BOMBEN P G, ROBSON K C D, KOIVISTO B D, et al. Cyclometalated Ruthenium Chromophores for the Dye-Sensitized Solar Cell – Bomben[J]. Coordination Chemistry Reviews, 2012, 256: 1438 – 1450.

[79] BROWN D G, SCHAUER P A, BORAU-GARCIA J, et al. Stabilization of Ruthenium Sensitizers to TiO_2 Surfaces through Cooperative Anchoring Groups [J]. Journal of the American Chemical Society, 2013, 135(5):1692 – 1695.

[80] BOMBEN P G, GORDON T J, SCHOTT E, et al. A Trisheteroleptic Cyclometalated Ru (II) Sensitizer that Enables High Power Output in a Dye-Sensitized Solar Cell[J]. Angewandte Chemie International Edition, 2011, 50: 10682 – 10685.

[81] BESSHO T, YONEDA E, YUM J, et al. New Paradigm in Molecular Engineering of Sensitizers for Solar Cell Applications[J]. Journal of the American Chemical Society, 2009, 131(16): 5930 – 5904.

[82] CHOU C C, WU K L, CHI Y, et al. Ruthenium (II) Sensitizers with Heteroleptic Tridentate Chelates for Dye-Sensitized Solar Cells[J]. Angewandte Chemie International Edition, 2011, 50(9): 2054 – 2058.

[83] SZABO A, OSTLUND N S. Mordern Quantum Chemistry, Introduction to Advanced Electronic Structure Theory[M]. New York: Mineoda Dove Publications, 1996.

[84] HEHRE W J, RADOM L, SCHLEYER P V P, et al. Ab Initio Molecular Or-

bital Theory[M]. New York: Wiley & Sons, 1988.

[85]DYCSTRA C E. Ab Initio Calculation of the Structures and Properties of Molecules[M]. New York: Elsevier Science Publishers, 1988.

[86]Rajagopal A K, Callaway J. Inhomogeneous Electron Gas[J]. Physical Review B, 1973, 7(5):864-871.

[87]KOHN W, SHAM L J. Self-Consistent Equations Including Exchange and Correlation Effeets[J]. Physical Review A, 1965,140(4A): 1133-1138.

[88]SLATER J C. Quantum Theory of Molecular and Solids. Vol. 4: The Self-Consistent Field for Molecular and Solids[M]. New York: McGraw-Hill,1974.

[89]SALAHUB D E, ZERNER M C. The Challenge of d and f Electrons [M]. ACS: Washington, 1989.

[90]PARR R G, YANG W. Density-Functional Theory of Atoms and Molecules [M]. Oxford: Oxford university, 1989.

[91]POPLE J A, GILL P W M, JOHNSON B G. Kohn-Sham Density-Functional Theory within a Finite Basis Set[J]. Chemical Physics Letters, 1992, 199 (6): 557-560.

[92]Johnson B G , Fisch M J . An implementation of analytic second derivatives of the gradient - corrected density functional energy[J]. Journal of Chemical Physics, 1994, 100(10):7429-7442.

[93]LABANOWSKI J K, ANDZELM J W. Density Functional Methods In Chemistry[M]. New York: Springer-Verlag, 1991.

[94] HARTREE D. The Calculations of Atomic Structure [M]. New York: Wiley, 1957.

[95]WILSON S. Electron Correlation in Molecules[M]. Oxford: Clarendon Press, 1984.

[96]FRISCII M J, HEAD-GORDON M, POPLE J A. Scmi-Dircct Algorithms for

the MP2 Energy and Gradient[J]. Chemical Physics Letters, 1990, 166(3): 281 – 289.

[97] FRISCH M J, HEAD-GORDON M, POPLE J A. A Direct MP2 Gradient Method[J]. Chemical Physics Letters, 1990, 166(3): 275 – 280.

[98] HEAD-GORDON M, POPLE J A, FRISCH M J. MP2 Energy Evaluation By Direct Methods[J]. Chemical Physics Letters, 1988, 153(6): 503 – 507.

[99] SALTER E A, TRUCKS G W, BARTLETT R J. Analytic Energy Derivatives in Many-Body Methods. I. First derivatives[J]. Journal of Chemical Physics, 1989, 90(3): 1752 – 1766.

[100] POPLE J A, HEAD-GORDON M, RAGHAVACHARI K. Quadratic Configuration Interaction. A General Technique for Determining Electron Correlation Energies[J]. Journal of Chemical Physics, 1987, 87(10): 5968 – 5975.

[101] BROOKS B R, LAIDIG W D, SAXE P, et al. Analytic Gradients from Correlated Wave Functions via the Two-Particle Density Matrix and the Unitary Group Approach [J]. Journal of Chemical Physics, 1980, 72 (8): 4652 – 4653.

[102] FOREMAN J B. HEAD-GORDON M, POPLE A. Toward a Systematic Molecular Orbital Theory for Excited States[J]. Journal of Chemical Physics, 1992, 96(1): 135 – 149.

[103] KRISHNAN R, SCHLEGEL H B, POPLE J A. Derivative Studies in Configuration - Interaction Theory[J]. Journal of Chemical Physics, 1980, 72(8): 4654 – 4655.

[104] RAGHAVACHARI K, POPLE J A. Calculation of One-Electron Properties Using Limited Configuration Interaction Techniques[J]. International Journal of Quantum Chemistry, 1981, 20(5): 1067 – 1071.

[105] POPLE J A, SEEGER R, KRISHNAN R. Variational Configuration Interac-

tion Methods and Comparison with Perturbation Theory [J]. International Journal of Quantum Chemistry, 1977, 11(1): 149 - 161.

[106] POPLE J A, BINKLEY J S, SEEGER R. Theoretical Models Incorporating Electron Correlation[J]. International Journal of Quantum Chemistry, 1976, 10(S10): 1 - 19.

[107] KNOWLES P J, HANDY N C. A New Determinant-Based Full Configuration Interaction Method [J]. Chemical Physics Letters, 1984, 111 (4 - 5): 315 - 321.

[108] SIEGBAHN P E M. Generalizations of the Direct CI Method Based on the Graphical Unitary Group Approach. II. Single and Double Replacements from Any Set of Reference Configuration[J]. Journal of Chemical Physics, 1980, 72(3): 1647 - 1656.

[109] SCHAEFER H F. Methods of Electronic Structure Theory[M]. New York: Plenum, 1977.

[110] VOSKO S H, WILK L, NUSAIR M. Accurate Spin-dependent Electron Liquid Correlation Energies for Local Spin Density Calculations: a Critical Analysis[J]. Canadian Journal of Physics, 1980, 58(8): 1200 - 1211.

[111] BECKE A D. Density-functional Exchange-energy Approximation with Correct Asymptotic Behavior[J]. Physical Review, 1988, A38(6): 3098 - 3100.

[112] PERDEW J P. Density-functional Approximation for the Correlation Energy of the Inhomogeneous Electron Gas [J]. Physical Review, 1986, D33: 8822 - 8824.

[113] ADAMO C, BARONE V. Exchange Functionals with Improved Long-Range Behavior and Adiabatic Comnection Methods without Adjustable Parameters: the mPW and mPW1PW Models[J]. Journal of Chemical Physics, 1998, 108 (2): 664 - 675.

[114] LEE C T, YANG W T, PARR R G. Development of the Colle-Salvetti Correlation-Energy Formula into A Functional of the Electron Density[J]. Physical Review B, 1988, 37(2): 785 - 789.

[115] BARONE V, COSSI M, TOMASI J. A New Definition of Cavities for the Computation of Solvation Free Energies by the Polarizable Continuum Model [J]. Journal of Chemical Physics, 1997, 107(8): 3210 - 3221.

[116] TUNON I, SILLA E, TOMASI J. Methylamines Basicity Calculations: in Vacuo and in Solution Comparative Analysis[J]. Journal of Physics Chemical, 1992, 96(22): 9043 - 9048.

[117] CHANG W C, CHEN H S, LI T Y, et al. Highly Efficient N-Heterocyclic Carbene/Pyridine-Based Ruthenium Sensitizers: Complexes for Dye-Sensitized Solar Cells[J]. Angewandte Chemie International Edition, 2010, 49(44): 8161 - 8164.

[118] SHKLOVER V, NAZEERUDDIN M. K, GRÄTZEL M, et al. Packing of Ruthenium Sensitizer Molecules on Mostly Exposed Faces of Nanocrystalline TiO_2: Crystal Structure of $(NBu^{4+})_2[Ru(H_2tctterpy)(NCS)_3]^{2-}\cdot DMSO$ [J]. Applied Organometallic Chemistry, 2002, 16(11): 635 - 642.

[119] ZHANG J, LI H B, SUN S L, et al. Density Functional Theory Characterization and Design of High-Performance Diarylamine-Fluorene Dyes with Different π Spacers for Dye-Sensitized Solar Cells[J]. Journal of Materials Chemistry, 2012, 22, 568 - 576.